高等职业教育"十三五"规划系列教材

无人机系统导论

（无人机专业系列教材）

主编　高朋举

U0213763

航空工业出版社

北京

内容提要

本书共9章，主要介绍无人机的定义、无人机的应用及学习目标；世界无人机的发展历程和我国无人机的发展历程；无人机的分类和应用；无人机飞行平台，无人机的任务载荷系统，无人机的地面站及其支持设备；无人机运行的自然环境，包括大气环境、气象要素两部分内容；国外无人机法规、国内外无人机法规的发展、相关的一些法规定义和要求；无人机的设计流程、固定翼无人机的设计过程、多轴无人机的设计过程；无人机复合材料、树脂基复合材料构件制造技术、加工技术、隐身结构制造技术、胶接结构制造技术、先进数控加工技术、化铣技术、钣金成形技术、焊接技术及无损检测技术；以及军用无人机的未来和民用无人机的未来。

本书的读者对象是具有大专以上文化水平的高校学生、无人机驾驶员、无人机机长和无人机教员 AOPA 取证训练的学员以及爱好无人机的其他人员。

图书在版编目（CIP）数据

无人机系统导论 / 高朋举主编 . -- 北京：航空工业出版社 .2017.4（2018.8 重印）
ISBN 978-7-5165-1200-5

Ⅰ．①无… Ⅱ．①高… Ⅲ．①无人驾驶飞机—研究 Ⅳ．① V279

中国版本图书馆 CIP 数据核字（2017）第 062951 号

无人机系统导论

Wurenji Xitong Daolun

航空工业出版社出版发行
（北京市朝阳区北苑 2 号院　100012）
发行部电话：010-84936597　010-84936343
北京鲁汇荣彩印刷有限公司印刷　　　全国各地新华书店经售
2017 年 4 月第 1 版　　　　　　　　2018 年 8 月第 2 次印刷
开本：787×1092　1/16　　　印张：9.25　　　字数：232 千字
印数：3001-5000　　　　　　　　　　定价：58.00 元

无人机专业系列教材

前　言

　　无人机，特别是民用消费级无人机已经越来越多地被大家所提及，很多高校也相继开设了无人机专业或者是选修课程，中国民航局已开始对民用无人机进行监管，并出台了一系列的法规政策，无人机的相关知识也越来越受到公众的关注。笔者受北京航空航天大学教授、北京航空航天大学无人机研究所高级工程师、中国飞行器拥有者和驾驶员协会无人机管理办公室无人机专家孙毅教授的推荐，在韦加科技有限公司的大力支持下编成此书。本书介绍了无人机的发展历程、解释了无人机的分类、分析了无人机的各个系统、说明了无人机的应用、阐述了无人机运行的自然环境和法规环境，简述了无人机设计过程和制造工艺，展望了无人机的未来。希望本书能够帮助广大公众了解无人机，学习相关的知识，认识相应的法规条文，更好、更合理合法地应用无人机来为生产生活服务。

　　本书既可以作为高校无人机教材，也可以作为科普读物面向有兴趣了解无人机的读者。北航的孙毅教授和 AOPA 的无人机教员唐刚老师在本书编写过程中给予了大力支持，百忙之中对本书的技术内容进行了详细的指导，亲力亲为，协助笔者完成了书中若干章节的编写。

　　本书的第 1 章、第 2 章、第 3 章、第 4 章和第 9 章由高朋举编写，第 5 章和第 6 章由唐刚、刘议中、崔世玉、戴雪编写，第 7 章和第 8 章由孙毅教授和高朋举编写，全书由周颖和刘议中老师整理校对。韦加科技的宋建堂审查了本书，并且在编写过程中倾注了很大的心血，提出了很多宝贵意见，以极大的耐心和热情为本书的出版奔忙，在此表示衷心感谢。

　　由于编者的水平有限，书中的缺点和错误在所难免，望读者批评指正。

编　者

2016 年 12 月

目 录

第1章 机器人时代的先锋——无人机概述

本章主要介绍无人机的概念、名词定义、发展历程以及应用等，可以让读者宏观地了解无人机的前世今生，为学习本书后面的章节起到提纲挈领的作用和打下知识基础。

现代社会，无人机越来越多地被人们提及，近几年，无人机的研制与应用引起了世界各国的高度重视，人们接触到越来越多的无人机产品及其在民用领域的广泛应用。无人机首先应用在军事领域（图1-1），和普通百姓的生产生活相去甚远。现在，在抢险救灾，新闻报道，治安防控，交通巡逻，执法取证，庆典礼仪，观光拍摄，勘察测绘领域，我们可以看到在越来越多的无人机的身影（图1-2），而且关于民用无人机的各种文章也广泛出现在报刊杂志以及其他传媒载体上，应该说无人机特别是民用无人机的出现和大量应用已经影响到了我们的生活，我们很有必要了解一下这一领域的知识。不论是科普宣传，还是实际应用，我们都应该具备更为专业的精神和态度，学习这一领域的知识让我们了解全新的学科，认识它的应用，创造它的未来，开拓它的疆土对我们的生活生产将大有裨益。

图1-1 军用无人机

图1-2 民用无人机

1.1 无人机的定义

首先，我们来认识一下什么是无人机？根据中国民用航空局飞行标准司在2016年7月11日颁布的咨询通告AC-61-FS-2016-20R1《民用无人机驾驶员管理规定》中的定义和描述。

无人机（Unmanned Aircraft,UA），是由控制站管理（包括远程操纵或自主飞行）的航空器，也称远程驾驶航空器（Remotely Piloted Aircraft,RPA）。

既然是无人机，顾名思义，仅仅是指在空中飞行的飞机上是没有人的，但是就无人机整个系统而言，人仍然是必不可少的管理者和监督者，仍然在全系统运行中起到非常关键的作用。

我们再来看看什么是无人机系统（Unmanned Aircraft System,UAS）。

无人机系统也称远程驾驶航空器系统（Remotely Piloted Aircraft Systems,RPAS），是指由无人机、相关的控制站、所需的指令与控制数据链路以及批准的型号设计规定的任何其他部件组成的系统。

无人机的正常使用离不开强大的地面设备或者其他平台设备的支持。在无人机的使用中，除在空中飞行的无人机本体外，更依赖地面的控制站、发电机、综合地面保障系统、备份的无人机、定向增程天线、卫星通信天线、双向通信指挥与控制链路，以及无人机的任务计划、起降、飞行、任务实施、监控管理和应急处理等管理程序，这些设备与管理程序统称为无人机系统（图1-3）。

无人机系统的驾驶员，是指由运营人指派对无人机的运行负有必不可少职责并在飞行期间适时操纵无人机的人。

无人机系统的机长，则是指在系统运行时间内负责整个无人机系统运行和安全的驾驶员。

有读者可能会问无人机的驾驶员和机长有什么区别呢？这里我们要解释一下：

驾驶员是参与飞行计划的设计规划，无人机起降前后的检查与维护，无人机的起降操作以及执行应急操作的人；而机长则要全面负责飞行空域的申报，飞行计划的设计提交，检查驾驶员在起飞前的检查工作，监督或者执行无人机的起降操作，全面监督或者操作机载任务载荷执行情况，临时调整飞行计划节点，出现特殊情况发布操作指令或者对驾驶员进行超控，对整个飞行过程负有安全责任的人；简单说驾驶员更接近于执行者，而机长不仅是执行者还是设计者和监督者。

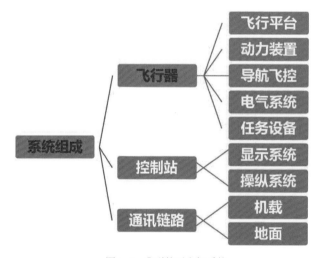

图1-3　典型的无人机系统

有些读者可能还会问，无人机和无线电遥控的航空模型上面都是没有人的，我们都在地面上操作它们，那这两者又有什么区别呢？

首先，无人机和遥控航空模型最主要的区别是控制飞机"大脑"所在位置是不一样的，在无线电遥控航空模型中（图1-4），航空模型的控制是接收无线电信号，并将信号过滤、解调，输出给操纵舵机，舵机控制舵面偏转，从而实现飞行控制。航空模型完全受地面飞行操纵人员的控制，所以它的"大脑"就是操纵者的大脑，它在天空中飞行所做出的动作或者运行轨迹几乎就是反映操纵者的意图或者杆量的移动（航空模型在飞行中受气象条件、无线电干扰等因素造成的非计划偏离我们不做过多考虑）。人们飞航模主要就是享受飞行控制这个过程的快乐，在无线电遥控模型运动中主要比拼的也是运动员的操纵技巧和制作调整技术。

我们再看看无人机，因为无人机都安装有自动驾驶仪，有飞行控制装置，所以，不再是操纵者主要关心的内容，而其所搭载的任务载荷所要执行的任务变成了操纵者主要考虑的内容。由于可以预先进行飞行线路和飞行高度的设定，所以在机载自动驾驶仪和机载飞控计算机的帮助下，无人机可以实现按照预定的飞行剖面和飞行计划实现主动的或者半主动的飞行控制。地面控制人员的主要精力在于这架无人机能否在任务空域顺利圆满地执行航拍、监视、勘察、探测等任务，对于无人机是否能飞花哨的特技动作不是很关心。另外，也因为无人机本身拥有自主飞行的能力，它所搭载的自动驾驶仪和飞控计算机就成了控制大脑的一部分，大大减轻了地面操作人员的工作负荷，使得地面操纵者能够专注于执行任务。因此，无人机的一部分"大脑"和无线电遥控航模一样，是地面操纵者的大脑，还有一部分则是安装在无人机本体上的飞行控制设备，这些机载设备可以让无人机按照预定程序沿着垂直飞行剖面和水平飞行轨迹自动飞行，甚至是自动起飞和自主降落。这是无人机（图1-5）和无线电航模的最主要的区别，其实本书中说的无人机已经是空中飞行的机器人了，它隶属于更为广泛的机器人范畴。

图1-4 无线电遥控航空模型

图1-5 翔宇Ⅱ型无人机

1.2 无人机广义定义

通常情况下，很多书籍或者网络媒体都在引导我们把无人机理解为"无人驾驶的飞机"，但实际上，我们应当从更广义的角度上去理解无人机，它应该是"机器人"的一种，可以代替人们前往那些不适合人类前往的区域开展诸如调查、探索、救援等我们期望其能够完成的工作。按照运行空间的不同，我们可以把各种在太空、地外天体、地球大气层中、地（水）面、地（水）下、某一系统（内）外运行的，通过遥控方式或者原始设定的程序自行执行相应任务的各类无人载具定义为更广义的无人机，这里的机不再是仅指飞机，而是机器人。

让我们先看看机器人的定义：机器人（Robot）是自动完成工作的机器装置（图1-6）。它既可以通过无线或者有线方式接受人类直接指挥控制来执行任务，还可以通过运行储存在自身内部预先编写的程序来执行任务，也可以根据以人工智能技术制定的原则纲领来自行决定任务的执行方式和顺序。机器人的核心任务就是协助或取代人类工作，例如，在制造业、建筑业，或是危险的区域工作。机器人是整合控制、机械、电子、计算机、材料和仿生学的高级产物。目前在工业、医学、农业甚至军事等领域中均有重要用途。

我们在当今的生产生活中已经可以看到很多种类的机器人了，它们有的在工厂里协助人类实现大规模自动化生产制造，亦或在遥远的太空对未知世界进行探测，它们还有些深入水下帮助我们搜寻飞机（舰船）残骸或者科考勘察等（图1-7，表1），所以，我们不难看出，人类研发的各种深空探测器、地外天体着陆器、人造卫星、无人驾驶航空器、无人驾驶船舶、无人驾驶潜航器等都可以划到广义"无人机"的范畴里。所以，对于无人机的领域，其外延其实是很大的。但是就本书而言，我们仍然只研究在大气层飞行的无人驾驶航空器。

图1-6　本田公司研发的ASIMO机器人，
　　　　已经能实现相当多的仿生功能

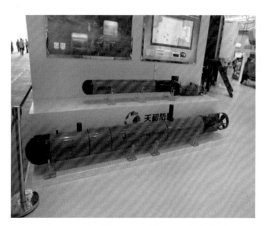

图1-7　自动航行器同样是无人机的代表

表1　广义的无人机的划分

运行空间	类型	任务类型	举例
太空	深空探测器	对各个天体或者宇宙空间进行探测，探索宇宙未知领域	"旅行者"1号深空探测器
	地外天体探测器	围绕各种天体运行勘测，甚至实现降落其表面的勘察探测	"好奇号"火星着陆器
大气层	无人驾驶航空器	将各种任务设备安装在空中飞行平台上开展相应工作	"全球鹰"无人机
陆地表面	无人驾驶的车辆	将各类任务设备安装在地面车辆平台上开展相应任务	美军MULE后勤机器人车辆（Multifunction Utility/Logistics Equipment Vehicle）
海洋表面	无人驾驶的船舶	将各种任务设备安装在船舶平台上执行相应工作	以色列"保护者"无人水面作战舰艇
水下	无人驾驶的潜水器	将各类设备安装在水下潜航平台上完成相应任务	美国"蓝鳍金枪鱼"自主水下航行器

1.3 无人机的应用

由于是不载人的飞行器，所以，无人机可以广泛应用于不适合人类进入的地方或者未知地域，代替人类开展先期探索或者执行任务，在军、民、科研等领域有着广泛的应用。

毋庸置疑，无人机从一诞生起首先就应用在军事领域。虽然战争对人类而言是非常极端的一种社会性暴力活动，必然伴随着生灵涂炭和秩序规范的破坏，但是从某种意义上讲，战争确实是推动科学技术发展的关键力量之一，现在影响我们日常生活的很多技术，例如，电子计算机、全球定位系统，个人移动手机等都是由战争的需求而发明、发展而来。在军事领域，无人机最早主要起到充当靶机（图 1-8）、靶弹为其他作战单位提供训练之用，后来就逐步发展到侦察监视、巡逻骚扰、通信中继、电子对抗、炮兵校射、目标指示和充当诱饵，随着通信技术的进一步发展，空天一体化，军用无人机现在已经可以携带各种任务载荷甚至是各类武器进行对空、对地的各种作战了，从原来的侦察为主逐步发展到现在察打一体的多用途飞行平台。

图 1-8 典型的靶机平台

其次是准军事用途，主要是在公安（图 1-9）、海关等国家执法机构的应用，例如边防巡逻、缉私缉毒、反恐特战、监视安保、抢险救灾、森林防火、情报收集、通信中继等。

图 1-9 警用无人机

最后也是最广泛地则是在民间各个领域的运用，这是无人机现在被民众所熟知的直接原因，由于微型机电技术和开源飞行控制代码的发展，不仅使得无人机在工、农、牧、渔等专业领域广泛应用，最近几年更是越来越广泛的应用在普通百姓的生活中，例如，航拍航摄、农林播撒（图1-10）、测量测绘、地质勘探、气象观测、科学实验、管线巡查、工业服务、渔业监测、个人娱乐休闲等方面。

图1-10　农林植保无人机

1.4　本书的目标

本书将重点介绍无人机的发展历程，无人机的系统组成、运行环境，以及设计制造方法，通过对上述内容的描述，使读者对无人机的历史、原理、构造和运用有一个宏观了解，也为后续的其他无人机专业书籍学习打好基础。本书可作为相关专业的学生使用的基础教材，也可作为科普书籍供无人机爱好者自学参考使用。

第 2 章 应运而生——无人机发展历程

本章主要介绍无人机的发展历史，通过对历史进程的剖析，可以让我们更清楚地了解无人机的来龙去脉，举一反三，对未来波澜壮阔的无人机应用做一个前瞻。

本书描述的无人机是利用在大气层内飞行的航空器作为平台来运行的，所以它的出现和更新一定是紧随航空器及其相关设备的发展历程而进行的。但是无人机不仅仅依赖飞行平台，它还所需要另外两项关键技术—自动驾驶仪和无线电遥控技术，这两项技术的历史却可以追溯得更久远，没有这两项技术，就没有现代的无人机。

2.1 世界无人机发展历程

在中国山西夏县的新石器时期遗址中就已经出现了石质的陀螺，而汉朝出现了孩子们的玩具陀螺。18 世纪，当中国的另一个玩具竹蜻蜓流传到西方后，西方将竹蜻蜓称为"中国陀螺"，可见陀螺流传到西方有着更为悠久的历史。但是在中国，相当长的一段时间仅仅把陀螺（图 2-1）和直升机的鼻祖—"竹蜻蜓"作为玩具看待。而在国外，高速旋转的陀螺具有空间定轴的特性逐渐被科学家发现，利用陀螺的定轴性可以测量物体的运动姿态，稳定物体的运动方向，测量方位角等，这也是自动增稳驾驶仪的理论和实践基础。

图 2-1 陀螺

1861-1865 年，著名的物理学家詹姆斯·克拉克·麦克斯韦（图 2-2）阐述了电磁波的传输理论，建立了较为完整的电磁波理论基础，他当之无愧地成为了电磁理论的奠基人。

图 2-2 著名的科学家詹姆斯·克拉克·麦克斯韦

1887 年德国科学家海因里希·鲁道夫·赫兹（图 2-3）证明了麦克斯韦提出的电磁波理论，并在实验室证实了电磁波的存在，使得无线电远距离传输成为了人们可以掌控的技术。

1898 年美籍塞尔维亚裔的科学家尼古拉·特斯拉（图 2-4）发明了世界上第一台无线电遥控装置—"控制移动车辆等载具的方法和相关机构"，成为了无线电遥控装置的鼻祖，为以后无人机的出现打下了远距离控制的基础。

图 2-3 著名科学家海因里希·鲁道夫·赫兹

图 2-4 著名科学家尼古拉·特斯拉

1912 年，埃尔默·斯佩里（图 2-5）和他的二儿子劳伦斯·斯佩里在美国为寇蒂斯水上飞机研发增加飞机稳定性的陀螺稳定器。1914 年 6 月 18 日，劳伦斯·斯佩里与助手登上经过改装的寇蒂斯水上飞机，从塞纳河上起飞，在接近人群时，劳伦斯从座舱里站起，高举双手表示他没有操纵飞机，飞机在陀螺稳定器的帮助下平稳飞行。随后，再次回到表演区时，助手离开座舱爬上了一侧机翼，而劳伦斯再一次从座舱站起，并将双手举过头顶，这下观众沸腾了，这架飞机完全处于无人驾驶的状态！当第三次通过观众面前时，劳伦斯依然站起并高举双手，而助手干脆爬到了机尾，使得飞机重心大大移动，飞机居然在不需要飞行员干预的情况下自动恢复平飞。这是空中导航的历史性时刻，也标志着飞机自动驾驶仪的诞生！陀螺增稳的自动驾驶仪的出现使得无人机的出现有了完善的技术基础。

在 1914 年，第一次世界大战刚刚爆发不久，英国的两位将军想研制一种无人驾驶的可以自行飞到目标上空消灭敌人的空中炸弹，于是他们向英国军事航空学会提出了建议：计划研制一种不用人驾驶，而用无线电操纵的小型飞机，使它能够飞到敌方某一目标区上空，将事先装在小飞机上的炸弹投下去，该计划被命名为"A·T 计划"。经过多次试验，研制小组首先研制出一台无线电遥控装置，随后在 1917 年 3 月，研制小组把这个无线电遥控装置安装到著名的飞机设计师杰佛里·德·哈维兰爵士设计的一架小型上单翼飞机上，毕竟是试验，所以没有安装炸弹。这架无人飞机在英国乌帕方皇家航空学校进行了第一次无线电遥控飞行试验，飞机刚起飞不久，发动机突然熄火，失去动力的飞机因失速而坠毁。过了不久，研制小组又制造出第二架无人机进行试验。这一次，飞机在无线电的操纵下平稳地飞行了一段时间，就在大家兴高采烈地庆祝试验成功的时候，这架小飞机的发动机又熄火了，失去动力的无人机一头栽入人群。两次试验的失败，使研制小组感到十分沮丧，"A·T 计划"也就此画上了句号，这是目前可以考证的最早的类似无人机的试验。

图 2-5　正在展示陀螺稳定性的埃尔默·斯佩里

1915 年，美国的寇蒂斯飞机公司和斯佩里公司按照美国海军的要求开始研发美国第一架无人的无线电遥控双翼飞机，取名为"空中鱼雷"（图 2-6）。这架无人机总重只有 272kg，盒形机身，由 1 台 30kW 的活塞式发动机作为动力，装在一个 4 轮滑车上。研制团队在草地上铺设了滑轨，计划在发动机起动后，牵引这架小飞机带动滑车在滑轨上滑行，达到一定速度后，飞机即脱离滑轨飞上天空，然后由一个简单的陀螺仪装置控制飞行方向，由一个膜盒气压表自动控制飞行高度。同年这架无人的小飞机试飞成功，1917 年这架无人机被装上 300lb 炸药进行了攻击目标试验，试验圆满成功，这成为了现代巡航导弹的雏形。1917 年，斯佩里和皮特·库珀还在美国 N9 教练机上安装了陀螺稳定装置，并使用遥控的方式让它成功飞行。

1917 年，另外一位美国人查尔斯·凯特林研发了另外一架"凯特琳飞虫"号无人机空投鱼雷（图 2-7）。这架无人机的外观比斯佩里的"空中鱼雷"更加流线，简直就是在一枚鱼雷上直接安装了两对机翼，它的总重量为 238.5kg，可以携带 82kg 炸弹，飞行速度达到了 88km/h。1918 年美国陆军开始引进测试这种飞行器，但是它的性能仍然不能满足军方的要求。

图 2-6　"空中鱼雷"

图 2-7　收藏在博物馆里的"凯特琳飞虫"

上述这些所谓的"无人机"仅仅是处在萌芽时期的探索，设计目标也大多是执行有去无回的自杀式攻击任务，与我们现在说的通过无线电遥控飞行或者依赖机载自动驾驶设备自动飞行执行相关任务并可以返回的无人驾驶飞机有着明显的区别。1918 年以后，人们认识到当时的技术储备不足，世界各国也都没有继续无人机的研发，甚至在相当长的一段时间内无人问津，但是英国皇家海军和美国海军这两支军队却始终保持了对无人飞行器的研发热情。

1921年，英国皇家航空研究院开始研制RAE1921型无人靶机，次年开展了试飞，这是一种将空气动力学、轻型发动机和无线电技术有效结合起来的无人机，可在近2km的高度上以160km/h的速度飞行。到1927年，在RAE1921型无人靶机的基础上研发的"喉咙"单翼无人机在英国海军"堡垒"号军舰上成功地进行了试飞，该机载有113kg炸弹，以322km/h的速度飞行了480km。。

1933年，英国皇家空军将费尔雷Ⅲ型水上侦察机改装，采用无线电控制技术控制，命名为"仙后"，这架无人机成功首飞。由于"仙后"无人靶机在皇家海军舰队防空试验中表现出色，英国人又于1935年在德·哈维兰DH-82虎蛾教练机的基础上发展出了DH-82B型"蜂后"无人靶机（图2-9）。英国采购了420套"蜂后"无人靶机，一直用到1943年。"蜂后"靶机被认为是现代无人机的鼻祖。

与英国旗鼓相当，美国陆军在1920年开展了一个名为"信使"的研究项目，这个项目的设想是利用一种相对较廉价的飞行器代替传令兵来快速传达总部下达的命令。这次美军再次找到了斯佩里，希望他能设计一种名为"信使空投鱼雷"（MAT）的可以在各个作战指挥部间遥控飞行的无人飞行器。在研制过程中，斯佩里逐步改进了飞机的无线电控制和惯性导航系统，这些都在航空导航技术的发展历程中发挥了重要作用。然而，由于MAT的技术在当时还不成熟，美军于1926年宣布取消了该项目。

图2-8 英国皇家研究院在RAE1921
基础上研发的"喉咙"无人靶机

图2-9 正在测试的"蜂后"无人机

1938年，雷吉纳德·丹尼（Reginald Denny）在他的无线电飞机公司里制造出了一架遥控飞行模型，并将其命名为RP-1（图2-10），并按照军方意见在RP-1的基础上修改出了RP-2/OQ-2型遥控飞机。从1939年到第二次世界大战结束期间，他的公司为美国军方生产了近15000多架各型遥控飞机，型号也由RP-4型发展到RP-18型（图2-11）。1946年，经过再次改进的RP-19/OQ-19型无人机研制成功，并在1946年至1984年间一共生产了48000多架。大名鼎鼎的美国明星玛丽莲·梦露（当时她还叫诺玛·简·莫特森）出名前也在雷吉纳德的无线电飞机公司工作（图2-12）。1952年，无线电飞机公司被诺斯罗普公司兼并，后者也因此成为当今世界最成功的军用无人机研制厂商。

图 2-10　雷吉纳德·丹尼的 RP-1 遥控靶机

图 2-11　雷吉纳德·丹尼正在测试他的无人机

图 2-12　玛丽莲·梦露

　　美国一直在无人机领域做着努力和研究，在 1941 年也成立了专门的无人靶机部队，用于训练防空高射炮操作手。不仅如此，美国还提出了使用无人机作为攻击武器的设想，这一攻击武器不仅用无人机本身来防御敌人来犯的飞机，还可以作为载机平台向敌人投放对空或者对地武器。这也衍生出了 TDN-1（图 2-13）和 TDR-1 两个产品，前者既可以有人驾驶，也可以无人驾驶，但是后者就完全是无人驾驶了，不过它需要"复仇者"鱼雷轰炸机作为控制母机。虽然实际使用的效果评估一般，但是却开启了无人机军用的两大主要方向，作为训练诱饵或者攻击平台，而且利用无人机的技术也发展出了各种制导武器。

　　在 1937 年，德国的弗里兹·古斯洛博士就研制了一款遥控飞机用于高炮部队的训练，这款遥控飞机即 FZG-43 靶机（图 2-14）。1939 年，他又开发了"阿格斯远程火力"无人驾驶飞机。这种无人飞机不仅仅是靶机，关键是它可以携带炸弹到目标上空空投，并遥控返回，所以和以前那种同归于尽的"空中鱼雷"有着本质区别，同时它还可以作为布雷、攻击以及侦察使用。虽然这种远程火力无人机并没有在德军广泛使用，但是这一思路和研究成果却为后来他研发大名鼎鼎的 V-1 导弹（图 2-15）打下了坚实的基础。

图 2-13　美军的 TDN-1 无人机正在航母上做测试　　　　图 2-14　德国研发的 FZG-43 靶机

　　第二次世界大战期间，世界各个国家都在尝试无人机的应用，德国除了上文提到的从无人机技术发展而来 V-1 导弹，还尝试了各种利用有人机改装的无人攻击武器，这就是大名鼎鼎的槲寄生计划（MISTEL）。在这一计划中，诸如 Ju-88、Me-262、Ta-154、Arado-E377A 等有人飞机或者无人机都被改装成为无人攻击武器用于进攻敌人的重要目标。这些槲寄生飞行器在飞行过程中采用有人机和无人机上下并联方式飞行，攻击时再分开，由有人机遥控飞向目标并实施攻击（图 2-16）。

图 2-15　大名鼎鼎的 V-1 导弹　　　　　　　图 2-16　德国在二战时期的槲寄生子母机

　　除此之外，德国还专门研发了世界上最早的机载空对地导弹—Hs293 以及弗里茨 -X（图 2-17 和图 2-18），它们都是无人驾驶遥控飞行器，这也是无人机的另一个大的分支—导弹家族。应该说，在二战期间无人机的本体主要是用于防空训练，但是导航飞控的技术积累却更多应用在了导弹技术上。

　　二战结束后，世界格局迅速发生变化，短暂的和平之后就迎来了苏、美两大阵营对立的冷战。于是，各国利用加入北约组织或者华约组织实现势力扩张的同时，刺探对方阵营情报就成了重点工作。有人机的使用受到局限，不仅驾驶 U-2 侦察机的鲍尔斯被击落，美国通过台湾当局专门刺探中国大陆军事信息的"黑猫""黑蝙蝠"中队也屡屡折翅，这些被击落的飞机残骸，特别是被俘获的飞行员的供词会让侦察方在国际舆论上陷入极大的被动，所以利用无人机装载照相机来侦搜情报的需求就越来越多了，就算是被击落，损失也不大，特别是在国与国的交锋中也可以辩称是故障迷航，相对有效地避免政治斗争上的尴尬。

图 2-17　德国在二战时期就研发出来的 Hs293 导弹

图 2-18　德国研发的弗里茨 -X 空面导弹

　　这些最早用于空中侦察的无人机，比较典型的就是美国在 RP-71 无人靶机的基础上研发的 AN/USD-1 无人侦察机（图 2-19）。AN/USD-1 无人侦察机是世界上第一种实用的无人侦察机，该机可以选装一部可见光照相机或者是红外夜间照相机，采用了火箭助推起飞，伞降回收方式着陆。该型无人侦察机大量装备了美军，英军也有使用。

　　由于当时的无线电传输特别是图像传输技术不佳，早期的无人侦察机无一例外地都使用了照相机作为任务载荷。而且，那时候的涡轮喷气技术还没有小型化，所以无人机只能使用活塞式螺旋桨发动机作为动力，慢悠悠地飞入目标区域上空进行侦察拍照。在完成拍摄任务后必须安全返回，或者将存储有拍摄胶卷的回收舱安全地送回基地才能说成功地完成了侦察任务。当时不靠谱的技术或者部队的协同问题导致很多的侦察任务都终止在了前半截或者是回收过程中。

　　航空技术的发展也催生了大量新型的无人机，最为广泛和知名的当属美国研发的 BQM-34 "火蜂" 无人机（图 2-20），这是一种装备涡轮喷气发动机的无人机，飞行速度更快，飞行高度更高。BQM-34 "火蜂" 无人机除作为传统意义的靶机外，还广泛用于侦察、监视、电子战、对地攻击、飞行试验和研究任务等。"火蜂" 无人机还发展出了 BQM-147/239/255/259 等多个型号。在越南战场上，"火蜂" 系列无人机被大量应用，中国后来在缴获的 BQM-147 "火蜂" 残骸基础上发展出了无侦 5 型无人机。

图 2-19　英国装备的 RP-71 无人靶机

图 2-20　越战中广泛使用的 BQM-34 "火蜂" 无人机

　　越南战场是军用无人机发展史上的第一次大规模实战应用，无人机不仅施展了拳脚，渐渐成为战争进程的重要支撑力量，而且无人机本身也随着战场需求的发展和国际环境的变化朝着更先进的方向发展。为了进一步突破防卫严密的防空火力，以及快速突然地对敌方的战略纵深开展侦察，美国还开发了高速无人侦察机，其中以洛克希德－马丁公司研制的 D-21 "雄蜂" 最为著名（图 2-21）。该型无人机可以以 3 倍声速飞行，飞行高度达到 29000m 以上，而且已经具备了相当优异的雷达隐身性能，当时几乎没有任何防空武器能对它构成威胁，该型无人机多次来我国核基地以及城市等进行战略侦察，后来有一架坠毁在云南，被我国军民缴获，现存于北京小汤山航空博物馆（图 2-22）。

图 2-21　洛克希德－马丁公司的 D-21 高空无人机　　图 2-22　小汤山航空博物馆收藏的 D-21 无人侦察机残骸

随后美、英、苏等航空大国纷纷开发各种用途的无人机，但绝大部分仍然是作为靶机使用。苏联的拉沃契金、图波列夫等飞机设计局都开发了自己的产品，其中的一些产品后来也影响了中国的无人机研制。在当时航空潮流和设计思想影响下诞生的无人机都是高空高速突防，侦察拍照后再高速返回。那时的无人机外形大部分变得和导弹很像，细长、机翼短小、飞行速度快、使用成本高昂。这种高空高速的无人机仅仅适用于冷战这样的环境，但在世界很多地方仍然广泛存在着高强度小规模的热战，出于对战场实时侦察的需求，高生存率、高可靠性、成本低廉就成了无人机的另外一种发展方向。随着电视转播技术的发展，实时的图像传输技术使无人机的发展实现了跨越。这时候在西奈半岛刚刚建国不久的以色列开始引进美国的无人机并组建自己的无人机部队。以色列飞机工业公司（IAI）和以色列的塔迪兰（TADIRAN）公司利用电视转播技术分别研制出了可以做到战场实时监控，而且低成本的无人侦察机——"侦察兵"（Scout）和 "猛犬"（Mastiff）。在中东战场 "侦察兵" 和 "猛犬" 一同上阵（图 2-23 和图 2-24），帮助以色列空军精确锁定了位于贝卡谷地的叙利亚萨姆防空导弹阵地，侦搜到防空雷达的工作频率，模拟以方战机信号特征诱骗防空雷达开机，从而暴露了敌人，保护自己的攻击机群，有人驾驶的以色列军机通过空中轰炸，消除了对以色列空军的最大威胁。

这一发生在以色列和叙利亚之间的的经典战例，不但充分显示了无人机的巨大战斗价值，同时也体现出了实时战场监控的现实作用，这种相对成本低廉的空中侦察手段也逐渐成为风靡全球的防务发展趋势。以色列的无人机技术得到了全世界的认可，美国也与其合作开发了脱胎于 "侦察兵" 的 "先锋" 无人机，"先锋" 无人机在美国军队服役了近 20 年。1991 年的海湾战争成为其最辉煌的时期，主要执行侦察和校准火炮弹着点的任务，共执行了 1599 飞行小时的任务，当之无愧地成为海湾战争的急先锋。

图 2-23　以色列的"侦察兵"无人机

相对于美、以，同时期的加拿大、欧洲或者其他航空强国所开发的无人机，外形看起来更接近于巡航导弹，主要承担靶标诱饵和侦察任务。主要型号是 CL-89（图 2-25）以及其后续发展型号 CL-289，这些无人机的研制主要由加拿大承担，后来英国、德国均有参与和装备。美国也有外形类似的无人机，但美国这种类似导弹的无人机主要是将其作为人工诱饵，促使敌方打开防空搜索雷达，然后扫描敌方雷达频率，让己方的电子干扰机实施压制或者让攻击机使用反辐射导弹攻击敌人的防空导弹雷达。随着卫星技术的发展，翱翔在外太空的卫星成为来去自由的侦察利器，侦察效率高而且昼夜不停，但是卫星也有自己的不足，那就是每一颗卫星都有自己特定的运行轨道，虽然有卫星变轨技术但依然容易被对方所掌握。并且，卫星的侦察路线可以被预测到并提前做好反侦察措施，并且卫星的侦察是有窗口期的，所以无人机对于前线战场灵活且实时的侦察依然是当今战场上重要侦察方式和手段之一。因为利用卫星技术可以让无人机飞行更加精准，有了卫星数据链路的支持可以让无人机飞得更远，所以现代的无人机不仅仅依赖那些惯性导航设备，也需要依靠天基的导航技术来实现全球精准定位，更有甚者，还能作为天地通信的中继站，发挥信号收集、处理、放大、转发的作用。

图 2-24　以色列的"猛犬"无人机

图 2-25　德国的 CL-89 无人靶机

无人机所取得的骄人战绩令各国军方刮目相看，作为军队战斗效能的倍增器和更为广泛的民间领域的潜在作用得到了世界各国的关注，特别是无人机既能完成预定任务，费用又比较低廉，对于人员而言高安全性的特点使得无人机备受重视，得到了空前的发展机遇。在太空中的卫星和在大气层内飞行的无人机进行高低搭配，实现了空天一体化。人类在航空航天技术领域不断取得新的成就，也催生了现在多种多样的无人机家族，应该说无人机的发展就是围绕着科学技术以及军事需要这两条核心主线发展的。新技术革命带来了高科技及其衍生技术的产业化，带动了社会发展进程的快速推进，反过来又培养了更多的技术人才投身于新技术领域。可以说，没有高新技术的发展就没有现在无人机的大踏步发展，而战争对于武器装备的追求使得无人机从最早的训练靶机到能飞的炸弹，再到侦察、监视、打击等多用途平台，无人机随着人类战争的发展逐步从辅助角色成为主导角色之一，也深深地影响到了普通百姓的生产生活。

现在我们看到的无人机可谓百花齐放，大中小都有，从高空长航时，到低空轻慢小，从外观硕大无比的大型、超大型，到适合单兵携带的微轻型、超轻型，无人机也从单一的侦察、诱饵，变成了察打一体。比较著名的大型高空长航时的代表有"全球鹰"（图2-26）、"捕食者"（图2-27）、"死神"（图2-28），微型便携的无人机代表"大乌鸦"（图2-29）、"沙漠鹰"（图2-30）以及验证中的隐身和更先进的X-47B（图2-31）、"神经元"（图2-32）等。

图2-26 美国RQ-4"全球鹰"高空长航时无人机

图2-27 美军使用的MQ-1"捕食者"察打一体无人机

图2-28 美国MQ-9"死神"察打一体无人机

图2-29 美军士兵手抛放飞"大乌鸦"便携单兵无人侦察机

图2-30 美国研制的"沙漠鹰"手抛无人侦察机

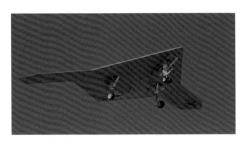

图 2-31 已经完成了航母起降测试的
美国 X-47B 隐身无人侦察机

图 2-32 法国研制的"神经元"无人机

2.2 中国无人机发展历程

中国有着悠久的历史，灿烂的文明，我们曾经有过很多和航空航天技术紧密相关的发明和创造，甚至相当多的创新都是远远领先于世界发展水平的，但是非常遗憾的是这些与航空航天有关的技术并没有得到有效的传承和发扬。虽然全球实用的航空技术诞生仅仅 110 多年，但是，1949 年以前的中国在世界的航空航天设计领域几乎没有任何可以称道的发展。新中国成立后，相继建设了体系完善，门类齐全的航空工业，无人机的研发生产也在稳步推进。在各省、市、自治区以及航空专业的高校内大力开展的航空模型活动为新中国的无人机技术打下了良好群众基础。

2.2.1 新中国成立后的无人机发展史

2.2.1.1 北京 5 号

新中国最早的无人机是在有人机技术上发展而来，从严格意义上讲，北京 5 号是新中国的第一架无人驾驶飞机（图 2-33），其机体是以运 5 运输机为基础研制的，是一种单发双翼低速无人驾驶验证机。1956 年，当时中国正在着手制定 12 年科学发展规划，在讨论规划的过程中，北京航空学院（今北京航空航天大学，1988 年改名）的教师提出了研制无人驾驶飞机的想法。在酝酿研制方案时，关键问题之一就是无人机平台，是自行设计还是利用现成飞机改装。1958 年 3 月，经专家论证后认为，在安 -2 "小马"（中国仿制型号是运 5）的基础上进行改装较为稳妥和可行。因为安 -2 本身是一种低速飞机，最大飞行速度仅为 256km/h，巡航速度仅仅 160km/h，飞行稳定性好，起降方便，而且载重量也较大，可乘坐 6 人，便于在试验过程中进行观察和测试。

图 2-33 北京 5 号首飞的历史照片

用安-2飞机改装的无人机被称为北京5号。1958年6月29日，北京航空学院成立了无人驾驶飞机研究机构，参与人员进一步增加，不仅有北航的师生，还有民航局人员、飞行员和无线电技术人员参加。随后开始进行总体和分系统设计，逐步完善了北京5号的起飞、着陆和全面自动控制方案。自动起飞控制、远距离遥控、下滑状态控制、着陆状态控制、着陆后的滑跑方向控制等一系列问题，都经过了详细分析和设计，并利用当时所能得到的技术和设备来实现。这是一项十分复杂的工程，在当时技术条件下难度非常大。但是，特殊的时代造就了特殊的人才，经过努力，到7月底所有设计工作全部完成，并先后完成了设备带飞试验、遥控着陆飞行和有人监控情况下的自动飞行试验。

就在北京5号准备首飞的时候，是否需要进行全状态无人驾驶飞行试验成了当时争论的焦点。一种意见认为，如果机上没有飞行员监控，飞行时出了故障，将造成飞机和价值数百万元的设备损坏，这可是天文数字，尤其是在首都机场上空进行这种试验，更需慎重对待；另一种意见认为，如果不开展完全无人驾驶状态的飞行，则表明北京5号的研制任务没有完成或完成不彻底。研究人员虽然对北京5号技术状态是清楚的，毕竟这是第一次真正意义上的无人飞行，谁都没有十足的把握。

1959年1月，上级主管部门批准了北京5号试飞方案，而且就在北京首都机场开展试飞。当时的空军司令员刘亚楼上将还鼓励说："不要怕，如摔了飞机，再调一架飞机来。"1959年1月31日上午9时，北京5号的首飞如期在首都机场进行。首次试飞就是在机上无人的情况下进行的，主要内容包括自动起飞、遥控飞行表演、自动对准跑道下滑飞行、进入跑道后自动着陆、在机场跑道上控制滑跑方向及制动等。试飞当天，还派出了一架捷克爱罗-45轻型双发飞机跟飞观察。

随着放飞的信号弹划破长空，北京5号在完全自动控制的情况下腾空而起，飞向蓝天。进入航线后，真正的飞行员则坐在地面的操纵台上（图2-34），其驾驶盘、仪表与飞机上的完全一样，远程遥控飞机完成了水平8字形飞行后，飞机自动进入着陆航线。在着陆阶段，为了证明飞机完全可以自动完成动作，当飞机着陆时，飞行员松开驾驶盘、离开座位，飞机在仪表着陆系统的引导下自动平稳地降落在首都机场的跑道上，新中国第一架无人驾驶飞机就这样诞生了。

北京5号（图2-35）打开了中国无人驾驶飞机发展历程的全新篇章。这是在那个英雄辈出的年代所创造的诸多奇迹中的一个。这项科学研究的成功在航空科学技术上有很重要的意义，它实现了以下多项技术：（1）自主式自动起飞技术；（2）无线电远距离遥控遥测技术（遥控半径60km）；（3）动力自动控制技术；（4）飞机自动稳定与控制技术；（5）自动下滑着陆

图2-34 "北京5号"首飞时的地面控制台

图2-35 北京5号的CG图片

与自动刹车技术；（6）无线电小高度测量技术（0～50m 高度内，误差 0.5m）。现在看来，北京 5 号的意义远不止是第一次那样简单，当时北京 5 号的科研团队的平均年龄只有 26 岁，经过型号研制的洗礼，他们中的很多人后来都成为了中国航空事业的中坚和骨干。如赵煦将军，主持研制了中国第一代靶机，成为中国工程院院士；文传源、林士谔、丁子明等后来成了教学、科研和型号研制方面的带头人，而他们那一代人所走过的光辉历程，就是对共和国自力更生、艰苦奋斗的创业历程的最好注解。

2.2.1.2 靶-1 靶机

1959 年，受总参军训部委托，西北工业大学开始研制靶 -1（B-1）靶机（图 2-36），靶 -1 型飞机属于小型无线电遥控靶机。抗美援朝结束后，我军对此次战争进行总结，大家都对以美军为首的联合国军牢牢掌握的空中优势深有感触，同时也深感我军防空力量的不足。为提高解放军高炮部队的对空射击技能，总参谋部决定在无线电遥控航空模型的基础上，部署发展无人飞机靶标系统。

西北工业大学派出了以陶考德教授为首的一批精英专家承担项目攻关任务。通过一年多的努力，1961 年完成了该型机的首飞，并于 1962 年完成设计定型，1963 年转由南京解放军 802 厂（现 1101 厂）生产，年产量曾达 1000 架。靶 -1 型无人驾驶靶机作为训练器材大面积装备海、陆、空三军的高炮部队靶机组，供防空部队的高射机枪和高射炮打靶训练用，为部队的军事训练做出了重要贡献。同时该型靶机还外销出口到朝鲜、越南、阿尔巴尼亚等国。

1986 年，在靶 -1 的基础上，西工大改型设计了靶 -1 改靶机（B-1B），改型机在外形和结构上没有变化，主要是将发动机改为 HS350 型双缸二冲程汽油发动机。靶 -1 改靶机主要用于地空、空空导弹鉴定靶试，曾出口到巴基斯坦。

靶 -1（图 2-37）系列靶机于 1965 年退役，它是新中国历史上第一型军用靶机，具有非常重要的意义，而西工大也是以靶 -1 型无人靶机的研制为契机，将学校传统的航空模型运动发展出无人靶机、无人机的研制，为新中国的国防建设做成了杰出贡献。

图 2-36　部队使用靶 -1 靶机进行训练

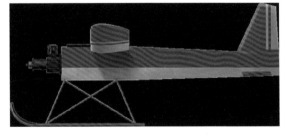

图 2-37　西工大的靶 -1 靶机

2.2.1.3 靶 -2 靶机

1966 年，继靶 -1 型无人驾驶靶机研制成功后，中央军委炮兵司令部和总参军训部委托西北工业大学研制一种供中、小型高炮和炮瞄雷达训练用的靶标无人机。当时的国防科委批准了这个项目并向西北工业大学下达了靶 -2（图 2-38）型遥控靶机的研制任务。该型靶机主要用作地面防空部队战术训练的目标机。

研制工作自 1966 年开始，当时正值文化大革命，全校正常教学秩序破坏无遗。在这种特殊情况下，由全校相关系和专业组成了 200 余人的"红二兵团"，并将该靶标无人机系统命名为红二靶机（红卫兵二号），部队的命名是Ⅱ型靶机。该型机于 1968 年在陕西户县解放军第16 航校首飞成功，1970 年由中央军委炮兵司令部宋承志司令员主持设计定型，1971 年从西工大移交中国人民解放军 1101 厂批量生产。经过改进，1974 年又将改进型移交三机部 574 厂生产。两厂的年产量总和曾达到约 400 架。1978 年，靶 -2 靶机的研制成果获全国科学大会奖。到 1986 年，累计总产量超过 4000 架。

后来，西北工业大学在靶 -2（图 2-39）的基础上又改型研制了靶 -2B 型无人机（即 ASN-104），靶 -2B 的性能与靶 -2 基本相同，只是发动机改用了 14 马力的 HS-350。1986 年 4 月29 日，中航技与巴基斯坦签订合同《ATE/PAK/86A0412》，出口 ASN-104 无人机系统 6 架飞机，2 套地面站。1988 年 2 月 29 日，航空工业部通知，中航技与巴基斯坦签订合同《ATE/PAK/86A0477》，再次出口 ASN-104 无人机系统 25 架飞机，2 套地面站。

虽然，从技术上讲靶 -1 和靶 -2 还属于几乎主要依赖地面操作人员驾驶的遥控航模类型的靶机。但是，靶 -1 和靶 -2 无人驾驶靶机系统的研制和试飞，对西工大无人机的发展具有历史意义。当时"红二兵团"吸收了全校的飞机、发动机、控制、无线电、材料等各专业的核心科研骨干 80 余人；特别是靶 -2 无人靶机系统已经具有完整的飞行控制系统和无线电上下行测控定位系统。靶 -2 系列无人靶机的研制过程和试飞成功，培养和锻炼了西北工业大学一大批无人机专家，为后来无人机事业的蓬勃发展奠定了基础。

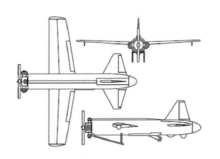
图 2-38　西工大靶 -2 靶机的三视图

图 2-39　西工大靶 -2 型靶机

2.2.1.4 靶 -5（长空 1 号）靶机

20 世纪 60 年代，由于中苏关系恶化，苏联不再向中国提供拉 -17 靶机，严重影响中国各种导弹试验鉴定。为满足导弹试的需要，空军第一试验训练基地利用尚存的几架拉 -17 靶机进行改装：用大推力临退役的涡喷 6 发动机取代小推力的 РД-900 亚声速冲压发动机；用起飞车滑跑起飞取代图 -4 飞机挂载空中投放，从而改善了飞行性能，缩短了靶标准备时间。1967 年改装出来的无人靶机试飞成功，为自行研制靶机初步创造了条件。但根据导弹试验的要求，无人靶机的飞行性能需要进一步提高，尤其要解决动力飞行时间过短和靶机升限不足的问题；另外，因为苏联未提供靶机批量生产所需要的全套设计试验资料和生产图样，空军第一试验训练基地的改装部分也存在需要完善的地方，这些工作有赖于专门的无人机研制单位来完成。

1968 年 4 月，国防科委和国防工办向南京航空学院（今南京航空航天大学）下达了靶机研制任务，要求以拉 -17 改装靶机为原准机，并按新的战术技术指标，结合中国国情和国家颁布的设计规范与标准，开展导弹打靶专用的靶机研制工作，该靶机定名为长空 1 号。南航从总体设计入手，对外形布局、机体结构、动力装置、飞行控制、电气系统、遥控遥测系统和起飞车系统，进行了全面的设计分析和试验研究。优化了总体设计，调整了内部装载布置，完善了动力装置设计，自行研制了新的飞行控制系统，改进设计了机体结构、操纵系统、供油系统、电气系统、无线电系统、起飞车系统，建设了正规的生产设施。

南航在空军第一试验训练基地改装拉 -17 的基础上，在空军第一试验训练基地、320 厂、618 所等兄弟单位的大力协助下，于 1969 年 8 月研制出第一架样机，并于 10 月进行了第一次试飞。以后又陆续试飞了 8 架飞机，终于在 1976 年 11 月正式完成了设计定型飞行试验。航定委于当年的 12 月通过了对长空 1 号飞机的设计定型技术鉴定，1977 年获得国家批准设计定型。这是中国自行研制成功的第一架大型高速靶机，代号 CK-1。装备名为无人驾驶靶 -5 型无人靶机，又称长空 1 号。该机是一种高亚声速靶机，采用小车滑跑起飞，迫降硬着陆回收方式，主要作为中国防空武器试验、考核、鉴定、训练使用（图 2-40）。

图 2-40 靶 -5 无人靶机，又称长空 1 号无人靶机

在靶 -5/ 长空 1 号靶机的研制过程中，共进行了风洞试验、全机静力试验、全机振动试验、供油系统模拟试验、起飞车调试、发动机改装试验、自动驾驶仪物理模拟试验、联合试车、靶机设计改进试飞、设计定型试飞等 20 多项试验。这些试验取得了大量可靠的数据，这为后面一系列的改型奠定了坚实的基础。

40 年来，随着高新技术的应用及战术技术要求的提高，已形成从高空到超低空、从小坡度转弯到大角度机动盘旋、从滑跑起飞到零长发射、从单一目标特性到多种目标特性、从靠地面遥控到全自主导航等系列靶机，至今已陆续生产近 300 架。靶 -5 靶机的主要改型有以下几种：

（1）靶 -5 核爆云取样机，代号 CK-1A。是在靶 -5 基础上改装的专用取样无人机，1978 年完成研制。该机与靶 -5 无人机的不同之处是：机翼下带有两个 09-7 取样筒；增强了机载电子设备的抗核辐射和机体结构抗冲击波超压能力。

（2）靶 -5 Ⅰ低空型靶机，代号 CK-1B。是一种为适应中国低空型防空导弹性能鉴定靶试的靶机。1980 年开始研制，1983 年批准低空型靶机设计定型，装备名为靶 -5 Ⅰ无人机。

靶 -5 Ⅰ主要的改动：降低发动机转速，减小飞机低空飞行的动压，左右机翼各装一个 160L 容量的副油箱，对横向控制信号进行软化，减小超调量，靶机下降到距地（海）面 500m

时由高度信号器自动控制靶机改平等。

（3）靶-5Ⅱ大机动型靶机，代号 CK-1C。是一种专门用于考核具有格斗能力的空空导弹性能的靶机，1983 年开始研制，1984 年试飞成功，1987 年通过技术鉴定，装备名为靶-5Ⅱ无人机。

靶-5Ⅱ大机动型靶机是在靶-5Ⅰ基础上改型设计的，主要改进有：翼尖雷达角反射器短舱改为圆柱形的红外增强器短舱；机体结构局部加强，以适应增大的飞机外载荷；改进供油系统，保证飞机在大机动盘旋或可能的短时间负过载情况下，也能对发动机正常供油；自动驾驶仪增加飞机协调转弯的飞行姿态控制和飞机迎角保护功能；扩大发动机工作包线，实施机动飞行时的推力协同控制等。

（4）靶-5超低空型靶机，代号 CK-1E。是一种用于考核中国导弹超低空性能的靶机，它是在"靶-5Ⅱ"大机动靶机的基础上进行改进设计的，1986 年正式展开研制工作，1988 年试飞成功并交付使用。

靶-5超低空型与靶-5Ⅱ大机动型相比有以下主要变动：翼展由 7.5m 变为 6.88m；部分机翼蒙皮加厚；发动机工作状态的改变由飞控计算机协调控制；电气系统对机上各重要部件单独供电；超低空飞行阶段使用精度高、可靠性好的无线电高度表；遥测发射机加大发射功率；飞行控制系统首次采用数模混合式驾驶仪，简化了系统，扩充了功能，实现在自动进入和退出超低空飞行时理想轨迹的控制。

（5）靶-5火箭助推型靶机，代号 CK-1G。该机是为了提高长空 1 号靶机使用机动性，不依赖跑道滑跑起飞，于 2000 年 7 月开始研制的火箭助推型靶机。该机 2003 年 12 月完成设计定型试验，2004 年 3 月通过技术鉴定。

靶-5火箭助推型靶机，相对于靶-5的基础型号比较而言，主要做了如下改进：加装火箭助推器和发射装置，实现短轨零长发射，以代替依赖大型机场设施的起飞车滑跑起飞；换装新型遥控分系统，加装遥测分系统，可以测量并实时传输靶机的相关数据，也可根据需要选装飞参记录仪，以供靶试后回放飞行参数记录、分析靶机工作状态；改进现有电气分系统，扩充发动机油门的调节功能，采用电子控制器，根据需要可对发动机转速进行有效调节；对靶机机体进行局部加强，以满足助推段承受大推力和大过载的要求。

（6）靶-5自主导航型靶机，代号 CK-1H。该机于 2006 年开始改进研制，2007 年试飞成功，2008 年 5 月正式鉴定。从此靶-5飞机可在没有可依赖的地面测控网和机场等设施的野外独立使用，扩大了使用范围，满足中国防空武器系统鉴定、部队训练和协同军事演习时对靶机的机动灵活性和多地域使用的要求，提高了在实战条件下武器系统整体作战性能。

靶-5自主导航型靶机仍采用火箭助推发射起飞方式。经过程序爬高后，自动进入自主导航模式飞行，在靶机偏离航线、失控或出现其他异常情况时，可以通过测控移动站发指令干预，根据安全控制要求引导和操纵靶机至安全区域；采用数字式飞行控制系统对航迹进行精确推算，并对飞控策略和安控策略进行优化决策，使靶机具备全自主导航功能；一旦靶机因故飞出安全区，安控器执行安全策略对靶机实施安控，避免对位于安全区外的高价值目标构成威胁，从而大大提高了靶机执行任务的安全性和成功率。

靶-5（长空 1 号）系列无人靶机现仍在空军、海军试验基地服役，供靶成功率高于

90%，基本满足各类防空武器的需要，为我国防空事业做出了重大贡献。

2.2.1.5 靶-6 超声速靶机

20 世纪 60 年代初期，随着中国地空导弹的发展，迫切需要高性能靶机，而发达国家禁止向中国出口。经上级部门研究决定，自行研制高空高速靶机。1964 年开始设计酝酿、方案论证，靶-6 靶机的总体方案于 12 月份获国防科委批准（图 2-41）。1965 年 11 月，国防工办、国防科委联合下达靶-6 靶机的研制任务。靶-6 高空高速无人驾驶靶机项目的主要设计任务最早由六院承担，北航参加。到 1967 年 5 月，国防工办、国防科委再次联合通知，决定把靶-6 高空高速无人驾驶靶机的总体设计、试制、总装总调的任务交给北航，产品主要供高性能导弹鉴定和部队打靶使用。

靶-6 选择在红旗 2 号地空导弹的第二级为基础进行开发（图 2-42），北航于 1967 年完成了设计并投入原型机试制。首批原型机共计 3 架，1 架用于 1968 年的静力试验，1 架用于轰6 运载机的改装带靶试飞，1 架用于首次放飞。靶-6 的首飞于 1969 年 9 月进行，试飞后发现一段舱体强度不够，1970 年又投产 4 架，并于 1972 年进行了两架次试飞。

靶-6 的主发动机是由航天工业部三院研制的冲压式喷气发动机，由于技术和其他方面的原因未获成功，这是成为靶-6 停止研制的主要原因。

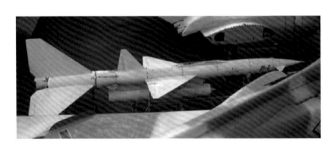
图 2-41　珍藏在北航航空博物馆内的靶-6 靶机

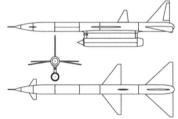
图 2-42　靶-6 靶机的三视图

2.2.1.6 无侦-5（长虹一号）无人机

无侦-5（WZ-5）型无人机，又称长虹一号，是由北航研制的高空多用途无人驾驶飞机，代号 DR-5。主要用于军事侦察、高空摄影、靶机或地质勘测、大气采样等（图 2-43）。

图 2-43　挂载在图-4 机翼下的无侦-5（长虹一号）型无人侦察机

该型机是根据 1969 年 9 月国防科委经中央军委批准的指示，由北京航空学院参照击落的美国 BQM-147H 高空侦察机残骸，通过测绘和进一步研制而成的。1970 年首先利用搜集到的美国飞机残骸，修复了 3 架整机（01-03 号无人机）。同年 9 月，进行了首次投放试飞，经过 33min 的飞行，高度 13000m，航程 306km，速度 700km/h，无人机及地面控制站工作一切正常，在陆地伞降回收成功。之后又进行了一次投放试飞试验。从 1971 年到 1976 年，共研制飞机 4 架。1972 年 10 月，05 号无人机通过了全机静力试验，04 号无人机通过了全机振动试验。该型机于 1972 年 11 月 28 日首飞成功，此后又于 1973 年 10 月、1975 年 4 月先后进行了两次科研试飞，结果良好。为保证安全可靠，对自动控制系统进行了多次实物动态模拟试验；为保证导航精度，用"三叉戟"、图-4 飞机对多普勒系统进行了 80h 的飞行试验；为保证遥控可靠，自行设计研制的地面控制站飞行试验近 120 架次。

根据航定委有关文件的批复，技术鉴定小组选定了 07 号无人机于 1977 年 12 月 25 日进行设计定型鉴定试飞。但由于低压油泵电机内部故障，致使发动机停车，无人机因欠电压，随即自动开伞着陆。虽然这次试飞没有成功，但验证了应急开伞回收系统工作良好，回收伞经受了超载荷的考验。后在三机部组织下，由北京航空学院、125 厂对电机采取了相应的改进措施。技术鉴定小组确定用 06 架飞机于 1978 年 5 月 11 日进行第二次设计定型鉴定试飞。试飞结果经设计定型试飞领导小组和技术鉴定小组 1978 年 5 月 16 日会议确认：无人机设计定型试飞成功。1980 年 7 月 5—12 日，无侦-5 设计定型技术鉴定小组受航定委的委托，在北京航空学院通过了对无人机的设计定型技术鉴定，完成了该型机的设计定型。至 1986 年 10 月，该型机共生产 6 架，并装备空军部队使用，效果良好。

值得一提的是，无侦-5 是中国唯一参加过实战的无人机。在 1986 年对越自卫反击战中，无侦-5 出境侦察 10min，发现越军西线指挥所等 200 多个军事目标，为作战胜利提供了有力保障。在此后的 20 多年里，该机被改为高速靶机。到目前为止，该型机在中国正式装备的无人机型号中还保持着最大升限和最快飞行速度的纪录。

2.2.1.7 南京 BJ-7104 靶机

1971 年，总参 60 所设计了 BJ-7104 无人靶机，这是一种可回收靶机，其设计用途是为中、小尺寸高炮打靶训练使用。该型机的样机进行了首飞并取得成功。两年后，BJ-7104 转由玉河机械厂生产。该型机的外形、结构类似靶-2 靶机，相比于靶-2，其使用的金属材料略多，换装了功率 15 马力的 YH-280 双缸对置风冷活塞发动机。BJ-7104 也属于一款经典机型，除了作为靶机使用之外，经适当改装也可以用于一些民用领域，例如，地理勘探、灾情监控、人工降雨、电力巡线、农业喷洒等。该型机装有微型飞控计算机系统，可以按预编程序执行任务，在模拟控制模式下还可以进行编队飞行。因此，该型机相比于遥控靶机在技术水平上已经更上了一个层次，可以进入无人机的范畴。由于 BJ-7104 的通用性和耐用性较好，所以该型机也得到了用户的青睐，到 1986 年初短短的 13 年内，玉河机械厂就已经生产了 2400 多架 BJ-7104 型靶机。

2.2.1.8 南京 YK-7 靶机

1986 年 2 月，南京总参 60 所开始设计 YK-7 靶机（图 2-44）。该型机是一种可以作为靶机或其他用途的微型遥控驾驶飞机。4 个月后制造出样机，1986 年 10 月完成首飞。

该型机的主要用途是以 1:5 比例尺寸模拟典型的低高度地面攻击飞机，是一种为战争演习和空防与短距离地空导弹人员训练用的多用途靶机。另外，它还有监视、照相和科学研究用的发展潜力。YK-7 遥控靶机的气动布局是最常规的气动布局方式，但它的尺寸和重量要小于靶 -2，使用起来也较靶 -2 灵活。

图 2-44　总参 60 所研制的 YK-7 遥控靶机

2.2.1.9 靶 -7 无人靶机

在 20 世纪 60 年代，中央军委炮兵司令部就要求研制一种速度不小于 360km/h 的靶标无人机。以此要求为目标，西工大设计了靶 -3 靶机，可惜未能取得成功。到了 20 世纪 90 年代，各方面技术已经成熟，西工大在靶 -3 的基础上研制了靶 -7（ASN-7）无人靶机（图 2-45）。靶 -7 系统的设计思想就是要克服靶 -3 的问题：追求靶机 360km/h 的高速途径，不是使用大功率发动机，而是缩小靶机尺寸，减小全机阻力。靶 -7 是一种中空中速小型靶机，主要作为防空武器射击靶标或用于导弹跟踪校验与射击目标试验。

靶 -7 无人机于 1991 年 11 月 19 日在陕西华阴完成首飞，1993 年 10 月由炮兵军工产品定型委员会批复完成设计定型，1994 年靶 -7 获得航空工业总公司科学技术进步二等奖。该型机累计生产了 23 架机和 5 套地面站系统。

图 2-45　西工大研发的靶 -7 靶机

2.2.1.10 靶 -9 无人靶机

1984 年 8 月，西工大根据海军司令部军训部的要求研制靶 -9（ASN-9）舰载型靶机（图 2-46），目的在于给海军舰艇部队提供一种防空训练飞机，用于舰炮对空射击训练、实弹打靶和雷达截获训练。靶 -9 还能模拟巡航导弹飞行。靶 -9 与陆上靶机的不同之处主要是舰上发射起飞和海上水密回收。西工大研制的原型机在上海首飞成功，1986年4月，通过技术鉴定。1986年7月，西工大接受海军订货，投入小批量生产20架套，前后共向海军交付超过60架套。

图 2-46　西工大研发的靶-9 靶机

2.2.1.11 南航 1 号、南航 2 号靶机

南航1号拖靶又名南航1号靶机，是由南京航空学院根据部队需要，参考苏联ⅡM-3Ж靶机改制而成的一种空中拖靶。ⅡM-3Ж型拖靶是一种木质靶机，其性能不能满足部队的需求，于是学校应部队的要求在1958年7月组织教工带领应届毕业生进行了拖靶的研制。3个月后，靶机研制成功，并于1958年11月15日在上海大场机场成功进行了试飞。后来南京航空学院将该靶机的图样交给了海军，停止研制。南航1号拖靶是一种不能做自由飞行与滑翔、使用时由飞机用钢索拖带的靶机。算不上是无人机，甚至连遥控航模都算不上，但是却为后来南京航空学院在研制其他机型打下了基础。

1958年，国防科委五院提出要搞一种超声速无人机，以作为测试空空、地空导弹的靶机，南京航空学院积极响应，动员全校毕业班师生，投入到南航2号的研制任务中（图2-47）。南航2号是继南航1号拖靶后研制的一种小型超声速无人驾驶飞机。这是中国自行研制超声速无人驾驶飞机的第一次尝试。国防科委提出的要求是：Ma1.9，飞行高度在18000～20000m，使用冲压式发动机，由轰5飞机空中投放。该项目在1958年8月开始，于1959年3月完成了一架样机，并进行了一系列试验。通过这些试验，暴露出一系列问题，而且有些问题是当时难以解决的，最主要的就是当时的基础试验条件不足，不能满足研制工作的需要。尽管参研人员热情很高，但由于经费问题没有解决，同时试飞也很难组织，南航2号到了进退两难的地步。1961年，党中央发布《高教六十条》，学校响应中央号召，提出高校应以教学为主的要求，所以南京航空学院的师生们将主要精力放在了上课上，南航2号机的研制也就停了下来，该型飞机的研制没有取得成功。

图 2-47　珍藏在南京航空航天大学的南航 2 号靶机

1958 年，中国正处在一个特殊的年代，全国人民被"大跃进"的号角鼓动得干劲十足，学校也难免受到影响，搞超声速飞机在当时几乎成为航空业界的一种风气，北航如此，南航亦如此。尽管南航 2 号从指标上看在当时是先进的，但由于前期论证不够充分，对困难估计不足，最终导致型号夭折，这不能不说是一种遗憾。

2.2.1.12 北京 4 号靶机

北京 4 号无人驾驶高空高速靶机是北航于 1958 年 7 月开始研制的（图 2-48），主要用于地空导弹或空空导弹打靶训练。基本设想是：由伊尔 -28 作为母机，搭载其飞到 10000 ～ 11000m 高度进行投放，投放后由固体火箭助推加速到 Ma2，冲压发动机点火把飞机推进到工作高度和速度，完成任务后用降落伞回收。靶机的工作高度可达 20000m，飞行速度为 Ma2 ～ 2.5，续航时间 3 ～ 5min。

北京 4 号的设计、气动和发动机试验都是在北航进行的，1959 年 6 月完成机体试制。1959 年 5 月进行老方案地面滑行试验，11 月又进行了新方案地面滑行试验。1960 年 2 月开始全面准备上天工作，4-6 月，在外场进行运载试飞。经两次运载，证明母机安全，飞行性能满足要求，1960 年 6 月正式进行首飞试验。在研制过程中，曾制造 1:4 地面飞行试验模型 2 架，1:2 地面飞行试验模型 2 架，全尺寸原型机 3 架。其中，X01 原型机用于静、动力试验，运载试验和脱离母机试验。X02 原型机用于火箭加速试验。X03 用于发动机点火及飞行试验，这架飞机装备全部设备和燃油。在试验和试飞过程中，1:4 模型只做了观察性试验，未测数据；1:2 模型飞行试验一次，测有数据，但由于技术故障没有完全达到目的。X01 架经运载和主要飞行情况的静、动力试验，证明强度符合设计要求。冲压发动机进行了地面试车。飞行试验证明，设计方案可行，母机运载方案安全，加速器和遥测装置工作正常，回收系统可以工作。

图 2-48　北航研发的北京 4 号靶机

诞生于 20 世纪 60 年代初的北京 4 号，为了适用于超声速飞行而采用了三角翼鸭式布局，飞机上安装了自动驾驶仪和程控机构、照相记录装置、信号发生器（类似黑匣子）、银锌电池、变流稳压系统、自动脱伞器等，这在当时是非常先进的。从北京 4 号、靶 -6、无侦 -5 这些飞机的研制可以看出，当时国家对北航靶机、无人机研制的定位是高空高速型，而当时北航在中国这一领域内的研究水平也确实处于领先地位。

2.2.1.13 六院 1015B 伞靶

1966 年夏天，国防工办和国防科委联合发文要求三机部组织力量研究改进 ДM-2 伞靶，以满足空军特种部队射击训练和基地试验使用。1966 年 10 月 15 日，国防科委正式下达研制新伞靶的任务，根据下达任务的日期，定名为 1015B 伞靶。由六院负责抓总，组织南京航空学院、172 厂、513 厂和 672 厂共同研制。1968 年 6 月 30 日，第一架 1015B 伞靶壳体在南航装配成功，同时反射器、降落伞和曳光管系统也按期试制成功。1015B 伞靶首次投放试验于 1970 年 6 月进行，投放高度 3000m，试验结果一切正常，但是 1015B 伞靶原型机没有定型生产。1015B 伞靶自研制至 1986 年共生产了 30～40 具供靶试。从严格意义上讲，像 1015B 这样的伞靶不能称之为飞机，因为它由歼 7 飞机的副油箱改装发展而来，没有自己的动力系统，整个飞行过程都是靠惯性实现，准确地讲它只能算是一个靶弹或活动靶标。

2.2.1.14 侦察 -5 型无人机

侦察 -5 型无人机，是总参二部委托西工大研制的陆军无人驾驶战术侦察机（图 2-49/50）。要求能按不同的战术要求选装航空侦察照相机、电视实时传输系统、红外夜视实时传输系统、无线电侦听设备等，在前沿敌方纵深 100km 范围内进行长时间的战场监视和侦察。要求造价低，维护使用方便，适应野战机动环境。

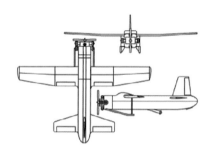

图 2-49　西工大研发的侦察 -5 型无人机三视图　　　图 2-50　西工大的侦察 -5 的实机

2.2.1.15 西工大 D-4 无人机

D-4 无人机由侦察 -5 无人机发展而来（图 2-51）。1980 年 3 月西北工业大学开始研制，1982 年 10 月在陕西蒲城机场首飞成功，1983 年 12 月，通过了技术鉴定，1985 年已投入小批量生产。主要用于军事侦察和民用航空测量。它能为陆军提供向敌方纵深 60km 以内战场的空中侦察情报和进行实时监视。全系统配备有侦察 -5 无人机 6 架，地面站 1 套。该机不需机场和跑道，借助火箭助推，在发射架上发射起飞。起飞完成后，火箭自动脱落。飞机采用降落伞回收，飞机腹部装有减震缓冲器和一双滑橇，以吸收着陆时的冲击载荷。D-4 无人机的遥控距离为 60km，其发展型 ASN-105 的遥控距离为 100km，一次飞行拍摄面积可达 $1.7×10^6m^2$。无人机系统配备全方位自动飞行控制系统，无线电遥控、遥测系统、航空照相机及电视摄像机等。其中无线电系统由遥控分系统、遥测分系统、测向分系统和电视实时传输分系统组成。遥控分系统操纵无人机起飞与回收，控制执行任务的航线，接收航迹控制系统的信号，实现自动遥控。到 1987 年底，D-4 飞机生产了 15 架，曾先后出售给空军二基地，沈阳炮兵司令部，陕西省地矿局等单位使用。D-4 无人机开创了中国无人机军用转民用的先河，是真正意义上的第一款民用无人机型号。民用领域是无人机技术的一个巨大潜在市场，无人机在航拍、遥感、气象监测、电力巡线、森林防火、救灾抢险等诸多方面都拥有巨大的应用价值，而民用领域的资金注入也可以分担一部分无人机型号的研制经费，从而降低其研制成本。因此，D-4 的研制成功具有开拓性意义，为此该型号也获得了国家科技进步三等奖。

图 2-51 西工大研发的 D-4 无人机

2.2.1.16 西工大 ASN-105 无人机

ASN-105 是西北工业大学西安爱生技术集团公司研制的一种小型、低空、低速、多用途无人驾驶飞机（图 2-52）。主要作为靶机使用。可以执行航空摄影测绘、遥感探矿、人工影响天气和农田、森林病虫害防治和防火、灾情监视等。用于低空大比例尺航空摄影测量，特别适宜于在一些地域分散、面积较小的矿区、城镇、水库、河道、重点考古区、沙丘等进行大比例尺测图。飞行一个起落可拍摄 30km²。

ASN-105 无人机系统是在 D-4 基础上研制的侦察无人机系统。主要用于前线和敌后侦察，可完成战区实时监视、攻击前后战效分析等任务。可提供实时无线电图象和硬拷贝图象，可装备夜视设备。系统包括 6 架无人机和一个地面站。ASN-105 的遥控距离为 100km，机上装有全方位航向飞行控制系统、无线电系统、航空照相机及电视摄像机等，该机不需机场和跑道，借助火箭助推，在发射架上发射。

ASN-105 是单发螺旋桨式上单翼构型，飞机腹部装有双滑橇缓冲系统，以吸收着陆时的冲击。采用用火箭助推的零长发射，伞降回收。无线电设备由遥控分系统、遥测分系统、测向分系统、测距分析系统和电视实时传输分系统组成。遥控分系统的功能是操纵无人机起飞与回收，操纵执行作业任务的航线，接收航迹控制系统的信号，实现自动遥控。遥测分系统的功能主要是测量无人机的空间坐标和各种飞行数据。测向分系统的功能是指示无人机相对于基地的方位，配合测距系统组成单基地极坐标（斜距和方位角）定位系统。

自动驾驶仪由垂直陀螺、高度传感器、磁感应器、运算放大器、伺服机构和时间程序装置等组成。可使飞机在无人操纵情况下稳定在某一种姿态飞行，通过遥控切换自动驾驶仪的状态，控制飞机等高定向直线飞行、等坡度左右盘旋或俯冲、爬高，组成需要的航线。

电视实时传输分系统与航空照相机相辅相成地配置成无人机地貌观察手段。电视系统有广播制电视摄像系统和电荷耦合器电视摄像系统两种。传输制式是数字传输频移键控调频制。

航测相机 HC-10 为 D-4 飞机专用相机，幅面 18cm×18cm，物镜焦距 70mm（或 100mm），重量 19kg。采用中心式快门，吸气展平胶片，摄影间隔连续可调，最短 1.6s。

图 2-52　西工大研发的 ASN105 无人机

2.2.1.17 南京 Z-2 无人直升机

自 1976 年开始,有 3 家单位先后研制起飞重量大于 20kg 的遥控驾驶直升机,其中两家研制的遥控直升机是单尾旋翼式,分别装载 3.7kW 和 11.2kW 发动机;一家研制的是共轴旋翼式,装载 3.7kW 发动机。但这 3 种遥控驾驶直升机都不能保证稳定飞行,后来都中断了研究,这是中国对遥控直升机最初的探索。

到了 1982 年 1 月,南京总参 60 所开始进行 Z-2 型遥控直升机的研究。在研制 Z-2 之前,60 所先制造了缩比模型,用来训练 Z-2 的地面操作员,目的是使操作员掌握遥控操纵技术。这种缩比遥控飞机的机身由铝管、铝板和非承力塑料外层制成。主旋翼采用席勒型双桨结构。主旋翼与尾翼叶片都是木质的。发动机为 1 台 10mL 单缸二冲程活塞式发动机。制导与控制由调频数字比例无线电控制系统和航向稳定器实施。该缩比模型机于 1983 年 1 月设计,5 月完成首飞,这就是 Z-1 遥控直升机。Z-1 是 Z-2 的缩比验证机,是降低研制风险的一种方法,而且如果缩比验证机做得好,往往能够衍生出一个小的型号,Z-2 就是一个例子。

Z-2 研制初期共制造了两架样机,1983 年 6 月进行首飞,并且在 1983 年完成了初步地面与飞行试验,共完成了 70 多架次的飞行。1984 年 60 所根据试验结果对飞机做了一些修改,又进行了 20 多次飞行试验,试验结果证明 Z-2 已达到稳定性与可控制性方面的主要设计指标,没有出现振动或动态结构应力的不合格情况。至此,Z-2 设计成功,成为中国航空工业史上第一架研制成功的 20 ~ 30kg 级遥控驾驶直升机。而由 Z-2 研制所积累的经验为后来先进无人直升机的研制奠定了基础。

2.2.1.18 西工大 ASN-15 无人机

ASN-15 手抛无人机是一个低成本的战场监视侦察系统(图 2-53),广泛应用于前线战场的战术侦察、巡逻、监视、搜索和救援,由西北工业大学无人机研究所(也称西安爱生技术集团公司)进行开发,它采用了高置上单翼,T 字形平尾,活塞发动机匹配拉进式螺旋桨为驱动力,安装有摄像机、数据链以及记录系统,由于没有起落架,遂采用手抛或者弹射滑轨进行起飞,待任务完毕后伞降回收,整套系统由地面站、三架无人机和一套具有显示功能的磁带式数据/录像记录仪构成,它的机长是 1.8m。翼展 3m,续航时间 1h。该机于 2000 年的珠海航展上首次公开展示。

图 2-53　西工大研发的 ASN-15 轻型手抛无人机

2.2.1.19 西工大 ASN-206 无人机

ASN-206 无人机是西北工业大学无人机研究所研制的一款中短程、多用途无人驾驶飞机（图 2-54）。1987 年，国家决定由西工大无人机所自行研制更先进的无人机系统，也就是现在的 ASN-206 无人机系统。设计之初，对该型机的定位是具有国际先进水平的新型无人机系统，涉及机械、电子、光学等多学科、多领域。由于主管部门对产品的指标要求高，国内缺乏研制经验，国外又进行技术封锁，可以说该型机的研制难度非常大。

同北航无侦 -5 的研制一样，在困难的条件下，西工大的参研人员最大限度地发挥了人的主观能动性，以总师张玉琢为代表的一大批专家凭着一股子知难而上的拼命劲头，披星戴月，昼夜工作。　从 1987 年开始到 1994 年的 7 年时间里，在从无人机系统的总体设计，到分系统的设计与试制、飞行试验等方面，他们攻克了一个又一个技术难关。1994 年 12 月，ASN-206 型无人机终于完成设计定型，并开始生产。1996 年该型机参加珠海国际航展，引起各方关注。

ASN-206 型无人机的诞生，实现了从空中对地面目标进行实时侦察、监视、搜索、识别、航摄等多种功能，技术先进，主要指标达到同时代国际先进水平，缩短了中国与世界先进水平的差距，推动了中国小型无人机事业的全面发展。该机的定型生产，为我军提供了一种新型信息化作战装备。该成果 1996 年获国家科技进步一等奖。

图 2-54　西工大研发的 ASN-206 无人机

2.2.1.20 西工大 ASN-207 无人机

西北工业大学无人机研究所研发的 ASN-207（图 2-55）是在 ASN-206 的基础上发展而来，ASN-207 和 ASN-206 相比较的主要差异就是机身上部明显的蘑菇状卫星通信天线，其他外形差异不大，配备了惯导、GPS 定位以及大气数据计算机，任务设备有陀螺稳定的光电平台，数码相机，前视红外扫描系统，激光测距／目标指示器，雷达告警接收机和电子对抗系统，而且它的续航时间是 ASN-206 的近 2 倍，最大航程也达到了 600km，在 2009 年国庆阅兵时首次出现并且处于无人机方阵中第一排。

图 2-55　西工大研发的 ASN-207 无人机

2.2.1.21 西工大 ASN-209 无人机

西北工业大学 ASN-209 多用途无人机系统是基于先进技术的高端产品（图 2-56）。采用了舱身式双尾撑气动布局，推进是螺旋桨，其主要功能是实施昼夜战役、战术空中侦察和监视。通过无线电数据链，可以对无人机进行实时控制，机载侦察图像信息可以实时传送到地面控制站。该无人机系统由飞机、机载侦察任务设备、地面控制站和发射回收装置组成，能够正常滑跑起降，也可以应急伞降回收，ASN-209 多用途无人机采用双尾撑后推式发动机布局，优良的总体气动设计和电磁兼容性设计，使无人机可以装载多种不同机载电子设备，例如可以装载电子对抗，通信中继、气象探测等不同的任务设备，实现多功能用途。ASN-209 多用途无人机遥控距离 200km。ASN-209 无人机重 320kg，最大有效载荷 50kg，最大速度 140km/h，最大作战半径 200km，最大续航时间 10h，实用升限达到了 5000m。一套 ASN-209 无人飞行器系统由地面指挥中心和 6～10 辆汽车组成，每辆汽车上各有一架 ASN-209 无人机和起飞抛射装置。另外还有无人机零部件和维护设备。

图 2-56　西工大研发的 ASN-209 无人机

2.2.1.22 翔鸟无人直升机

1992 年，南航开始进行无人直升机关键技术研究与验证样机研制。至 1995 年底，攻克了各项关键技术，制造出 2 架试飞样机。1996 年 1 月，该无人驾驶直升机首飞成功，1997 年通过技术鉴定，该无人驾驶直升机定名翔鸟，代号 WZ-1（图 2-57）。

翔鸟无人驾驶直升机是典型的尾桨式直升机。需要靠尾杆一端安装的小旋翼旋转所产生的力作用于尾杆上的力矩来抵消主旋翼的反扭力矩，这一点明显区别于以北航的海鸥为代表的共轴式直升机。翔鸟无人驾驶直升机机体结构采用铝合金金属骨架，玻璃钢蜂窝夹层蒙皮，旋翼用先进的复合材料制造。动力装置采用双缸二冲程水冷活塞式发动机。飞行控制系统采用全数字模式，具有飞行姿态控制及飞行模态切换等功能。无线电测控、定位系统含有遥控指令和遥测通道，用于无人机的导引，并能将无人机的工作状态和空中飞行信息实时传送到地面。

图 2-57　南航研发的翔鸟 WZ-1 无人直升机

2.2.1.23 海鸥无人直升机

海鸥是由北航研制的多用途小型无人直升机（图 2-58）。北航的研发团队是在总设计师胡继忠教授的领导下开展研制工作，该型机于 1995 年首飞成功。是当时中国大学首次出现的无人驾驶直升机，填补了中国直升机领域又一项空白。

海鸥的布局为共轴反桨，采用该种形式布局的优点是：尺寸小，结构紧凑，可在较小的陆地和甲板上起飞和降落，陆地和海上运载方便。该机机体为轴对称椭球体，无尾翼。机上有两组转向相反的旋翼，产生的扭矩相互平衡。飞行中气流对称，悬停和中速飞行效率高，易于操纵，不存在来自尾桨的故障。

海鸥直升机由 3 部分组成：直升机本体、遥控遥测系统和任务载荷。直升机本体由旋翼系统、操纵系统、传动系统、动力系统、机身、起落架等部分组成。旋翼位于机身上方，共有 4 片桨叶，桨毂与旋翼的连接为跷跷板形式。起落架为 2 根张臂式玻璃钢结构撑杆，起落架下端装有具有较大摩擦因数材料的衬套，便于直升机在一定倾斜坡度和摇摆的物面上稳定起降。

无人直升机一直是无人机技术研究的难点，其自主飞行控制技术要比固定翼无人机复杂得多，到目前为止，海鸥是国内无人直升机领域中唯一完成全部性能试飞，通过上级部门所组织的专家鉴定的无人直升机型号。

图 2-58　北航研发的海鸥无人共轴双旋翼直升机

2.2.1.24 歼 5 无人机

上文所述的大部分都是专用的靶机或者无人机，中国也有用有人机改装成无人靶机的光辉历程。　米格 -15M（苏联称 M-15）是中国于 20 世纪 50 年代后期从苏联进口的无线电遥控靶机。曾用代号 23 号机。1956 年，苏联第 4 号科研靶场将性能已落后的米格 -15 飞机改装成 M-15 靶机，作为研制首批机载计算机瞄准系统时的空中靶标。M-15 机上装有自动驾驶装置，可在地面遥控其飞行和降落。M-15 和其他退役飞机改的靶机自 50 年代中期以来，一直是苏联空军和国土防空军重要的无人靶机，用于部队训练和科研打靶。

60 年代初期，中国从苏联进口了 10 架米格 -15 比斯改装成的米格 -15M 无线电遥控靶机。1964 年，这批进口靶机快要用完，为解决国内靶机紧缺，由 9 厂 1 所组成了靶机仿制生产线。用米格 -15 比斯改制成有人和无人两用中高空型靶机。1966 年初，仿制的靶机试飞成功，命名为靶 -5 乙型。由于当时米格 -15 比斯正服现役，飞机来源有限，仅生产了 10 架。使用实践证明该机存在一些严重问题：一是因保留有人驾驶功能就必须保留各类机载设备，为保证安全，原型机总飞行时间要小于 800h，并需在改装前返厂翻修试飞，难以用大量退役飞机改装；二是改装后需进行十几至几十架次人工或人工监视下的各种课目试飞，空中调整复杂、困难，准备周期长、耗资大，安全也难以保证；三是全自动起飞由于自动纠偏性能不稳定，经常冲出跑道。

歼 5（米格 -17）退出装备序列之后，部分状态较好的飞机还有剩余寿命，于是空军某基地将该机改为无人靶机（如图 2-59），模拟飞机、导弹飞行状态。用于鉴定各类航空兵器的性能，供战斗机飞行员和高射炮、地空导弹、雷达操纵人员演练和打靶。

图 2-59　从歼 5 改来的无人靶机

2.2.1.25 歼 6 无人机

歼 6 型无人战机的改装工作大约从上世纪 90 年代初就已经开始。航程与有人驾驶歼 6 战机相同，主要是取消有人驾驶时的相关系统，加改装自动飞行设备，遥控遥测设备，既可以作为靶机，也可以用于攻击。军方把遥控歼 6 称作"无人战斗攻击机"（图 2-60）。

图 2-60　从歼 6 改装而来的无人机

2.2.1.26 歼 7 无人机

1990 年 10 月，空军开始了将歼 7I 型飞机改装成超声速靶机的工作（图 2-61）。在原有的歼 7I 型基础上拆除了有人驾驶系统、飞行仪表、通信导航设备、军械火控系统，增加了全新设计的模拟式自动飞行控制系统，可以自动进行导航、滑跑起飞，进入 / 退出超声速飞行以及自主返场着陆，并且加装了遥测遥控装置。1998 年定型，各项指标达到了设计要求，填补了我国超声速靶机的空白，2000 年获得了国家科技进步二等奖。

图 2-61　从歼 7 改装来的无人机

2.2.1.27 天剑 -1 无人靶机

天剑 -1 无人靶机的开发是由于美国在很多现代战争或者局部冲突中大量使用了低空突防的巡航导弹，解放军为了开展有针对性的训练，设计开发了天剑 -1（TJ-1）高速无人靶机。这是全新设计的项目，主要就是模拟高速巡航导弹，因此采用了紧凑的高置上单翼设计，动力装置为涡轮喷气发动机，发动机安装在机身后部下表面的发动机舱内。由液态火箭助推器在滑轨上发射，可远程遥控，也可采用自动驾驶飞行，导航选用 GPS 引导，伞降回收，还有辅助的减震气囊。无人机长 3m，翼展 1.5m，起飞重量 80kg，升限 4000m，最大飞行速度 720km/h，续航时间 0.5h，可控范围 50km。2005 年初进入部队服役，2005 年 4 月在北京国际国防电子展上面首次公开露面。

2.2.1.28 无侦 9 和无侦 2000

2000 年的珠海航展上，中航工业贵州航空工业集团首次展示了其远程多功能隐形无人侦察机无侦 9（也称作 WZ-9）。该机无尾的小展弦比中单翼，两台涡轮喷气发动机从机身上部进气，双垂尾向外侧倾，也是为了降低雷达反射面积，据估计，这种由涡喷发动机作动力的无人机自 20 世纪 90 年代中期就已开始研制，并且有一架原型机试飞。

在 2002 年的珠海航展上，贵州航空工业集团展出了一架更为精致的 WZ-9 型无人机模型，它揭示了更多的细节。从总体设计上看，它有许多与美国产品相似的隐身特征。大型头部凸起可以容纳卫星通信天线，以便向地面控制中心实时传输图像和电子情报数据。

这种无人侦察机可以搭载各种型号的光学和热成像摄像机或侦察、监视雷达，也可作为空中平台广泛用于电子对抗、空中预警等。它还可能搭载武器用于对地攻击，并可执行电子战／电子对抗任务。

WZ-2000 由贵州航空工业集团无人机中心开发（图 2-62）。2002 年第四届中国珠海航展时模型公开露面，出于对隐身性能的考虑，新的 WZ-2000 采用了下单翼和翼身融合技术，双垂尾略微外倾，通过换装涡轮风扇发动机降低了油耗。WZ-2000 隆起的机头内安装有卫星通信设备、光电传感器、合成孔径雷达或其他任务设备，因此该机可在全天时全天候条件下通过卫星向指挥部实时提供战区图像、电子情报，完成侦察和监视任务。这与美国"全球鹰"无人侦察机所执行的任务大体相同，只是 WZ-2000 航程较短，尺寸较小。机长 7.5m ，翼展 9.8 m，机高 2.22m，实用升限 18000m，最大平飞速度 800km/h，续航时间：3h。

图 2-62　航展上展出的 WZ-2000 无人机的模型

2.2.1.29 "暗剑"无人机

暗剑无人机由中航工业沈阳飞机设计研究所设计（图 2-63）。"暗剑"无人作战飞机具有超声速、超高机动能力和低可探测性，主要用于未来对空作战。2006 年 10 月底，"暗剑"无人作战飞机在珠海航展上首次公开亮相，引起轰动。"暗剑"设计独到，完全有别于当前无人机发展趋势，也与流行的 B-2 隐身轰炸机类型的无人机设计不同，很可能具备无人机空战能力。"暗剑"装有鸭翼和两具垂直斜翼的设计，表明它可能具备超声速巡航能力，可操作性和隐身能力也较为突出。此外，"暗剑"的发动机进气道位于机身前部下方，这与歼 10 战斗机如出一辙，有助于提升战机的灵活性。

"暗剑"在气动设计上采用了箭形翼身融合布局，机身部分在垂直方向上呈现出箭头形状的三角形，扁平的流线型机身和机翼圆滑过渡成整体升力面，机体设计能够与前翼、常规机翼、尾翼组成适合高速和大过载机动飞行的整体布局。从外形上推测，"暗剑"应具有超声速、高机动能力和隐身性能，已经达到国际战斗机技术的较高水平。"暗剑"无人机在性能上既要满足超声速和高机动性的指标要求，还要在机体内装载传感器、任务载荷和燃料，同时还必须在生产和使用成本上低于常规有人驾驶战斗机。按照"暗剑"模型所宣称的战术要求和大致比例来看，基本可以确定该机是正常起飞重量在 10t 以上的中型无人机，高空最大飞行速度应该能够达到 Ma2，并具备超声速巡航能力，采用标准飞行剖面时的作战半径能够达到800 ～ 1000km，完全有能力在机体内部弹舱挂载 1000 ～ 1500kg 载荷，可以根据作战任务挂载4 枚 250kg 制导炸弹或者同样数量的 SD-10 空空导弹。

图 2-63　暗箭无人机

2.2.1.30 翔龙无人机

翔龙高空长航时无人机是中国新一代高空长航时无人侦察机（图 2-64）。是为了满足军队未来作战的需要，完成平时和战时对周边地区的情报侦察任务。由中航工业组织成都飞机设计研究所、贵州航空工业（集团）有限责任公司等有关单位设计出了翔龙高空高速无人侦察机概念方案，是由我国自主研究和设计的一种大型无人机。翔龙采用了一个新颖的菱形联翼结构设计。

翔龙无人机具有 10h 以上的留空时间，巡航飞行速度超过 750km/h，有效任务载荷为650kg，携带的电子设备有高清晰度数字照相机、高清晰度数字电视，还有夜视能力，有独立的红外热成像通道，配备了先进的合成孔径雷达和逆合成孔径雷达。雷达能在恶劣气候下获得高清晰度的地面三维图像，具备在恶劣气候条件下的机动目标跟踪和监视能力。翔龙无人机有可能装备几套相互平行的通信系统，有更高传输速度的定向通信装置，可以与地面接收站或者卫星进行点对点高速数据传输。

另外，翔龙无人机也可以执行数字通信中继任务，除了通信中继，翔龙还可以执行电子干扰任务。翔龙无人机采用一台老式无加力涡喷 7 发动机作为主动力，未来肯能会换装更先进的WS15 涡扇发动机。翔龙的设计还有很多独特的闪光点，比如能够在只有两到三个人的情况下，飞机只需要 30min 就能被装配到可以使用的状态。整架飞机可以被装进一个宽度不超过 2m 的包装箱，使用战术运输机进行运输。模块化前机身，可以互换搭配。机翼组件和动力组件也有可能形成模块化设计，允许通过更换更大的机翼获得更高的飞行高度，或者更大的动力组件获得更大的飞行重量和有效载荷。

翔龙高空高速无人侦察机机身全长 14.33m，翼展 24.86m，机高 5.413m；正常起飞重量6800kg，任务载荷 600kg，机体寿命暂定为 2500 飞行小时；巡航高度为 18000 ～ 20000m，巡航速度大于 700km/h；作战半径 2000 ～ 2500km，续航时间超过 10h；起飞滑跑最短距离350m，着陆滑跑距离 500m。

图 2-64　流传于互联网上的翔龙无人机照片

2.2.1.31 翼龙无人机

翼龙无人机是由中航工业成都飞机研究所研制的一种中低空、军民两用、长航时多用途无人机（图 2-65）。装配一台活塞发动机，具备全自主平台，可携带各种侦察、激光照射/测距、电子对抗设备及小型空地打击武器。可执行监视、侦察及对地攻击等任务，也可用于维稳、反恐、边界巡逻等。此外，广泛应用于民用和科学研究等领域，如灾情监视、缉私查毒、环境保护、大气研究，以及地质勘探、气象观测、大地测量、农药喷洒和森林防火等。2012 年 11 月 13 日，翼龙无人机系统实物亮相珠海航展。它装备部队的型号被称之为攻击 1 型无人机，此机也在 2015 年 9 月 3 日抗日战争胜利 70 周年阅兵无人机方队中出现。

图 2-65　翼龙无人机

翼龙无人机系统由无人机本体、指挥控制站、地面数据链站三位一体组成。无人机机头下方的窗口装有前视摄像头，机头下方的球形物体是光电、红外和激光吊舱。翼龙无人机采用正常式气动布局，气动外形是正常的中单翼 V 形尾翼布局，大展弦比中单翼，V 形尾翼。机身尾部装有一台活塞式发动机。机翼带襟翼和襟副翼，V 形尾翼没有方向/升降舵。起落架采用前三点式起落架，具有收放和刹车功能。机体结构选用铝合金材料，天线罩采用透波复合材料。机身长 9.34m，翼展 14m，机高 2.7m，可以长时间在空中滞留。翼龙无人机不仅具备对敌目标进行精确打击的能力，还能够携带侦察设备对敌方目标进行远距离、长航时侦察，总体性能已经达到了国际上同类型无人机的先进水平。

2.2.1.32 北航 BZK005 无人机

BZK005 无人机是北京航空航天大学与哈尔滨飞机制造有限公司联合设计的一种具有隐身能力的中高空远程无人侦察机系统飞行器（图 2-66）。机身为以骨架承力为主的薄壁式结构，主要是由框、纵梁、地板、蒙皮及整流罩等组成。主要用于执行侦察任务和搜集情报。2015

年 9 月 3 日在抗日战争胜利 70 周年阅兵上首次出现，它的最大升限 8000m，续航时间 40h，最大搭载重量150kg，可以携带一个相当大型化的光电吊舱，包括昼夜电视摄像机、红外摄像机等。

图 2-66　北航研发的 BZK005 无人机

2.2.1.33 彩虹系列无人机

中国航天空气动力技术研究院依托空气动力学和飞行力学方面的技术优势，在 2000 年进军无人机这一新型飞行器领域，并研制了以彩虹为名的多种类型无人机。这些无人机尺寸从小到大,起飞重量从轻到重,在应用方面从各种形式的侦察监视到攻击等,形成了较为完备的体系。

彩虹 -3 是侦察攻击一体化无人机系统（图 2-67）。适用于侦察和对地面固定与移动目标进行精确打击，可挂载光电侦察载荷和 2 枚空地导弹，攻击精度小于 1.5m，也可挂装 GPS 精确制导炸弹对地攻击。该系统由 1 个地面控制站和 3 架无人机及相关载荷、武器构成。其中彩虹 -3A 无人机翼展 8m，最大起飞重量 650kg，最大任务载荷重量 180kg，最大航时 15h，最大速度256km/h，最大升限为 7000m。根据空气动力基础理论的研究成果，突破了鸭翼短机身融合体设计技术，解决了彩虹 -3 提高隐身特性和超低空飞行的难题；大量使用复合材料（80%以上机体为复合材料），实现了结构轻质化；高度融合多种信息，突破了侦察打击一体化关键技术。

2015 年 10 月 21 日，通过 2015 中国国际矿业大会中国地质调查局场外平台展示，我国自主研制的彩虹 -3 中型无人机航空地球物理综合测量系统首次进行国际公开展示。这标志着经过为期两年的试航试生产，彩虹 -3 系统正式转入地质调查矿产勘查民用领域，开始进入商业化使用阶段。

彩虹 -3 系统是世界第一个针对地质调查矿产勘查开发的中型无人机航空地球物理综合测量系统，集成先进的航空磁场和放射性测量方法，将主要应用于基础地质调查，金属矿产和放射性矿产勘查等领域。彩虹 -3 系统由国土资源部中国地质调查局组织中国地质调查局地科院物化探所、中国航天空气动力技术研究院与核工业航测遥感中心等单位共同研制完成。单机每月工作量可达 2 万测线千米，平均单架次有效测线可达 1200 测线千米，实现全年度、全气候作业，合理规避了与民航飞机的时间冲突，实现了生产效率和作业质量的有效提高。

图 2-67　中国航天研发的彩虹 -3 无人机

　　彩虹 -4 无人机是中空长航时侦察打击一体化系统（图 2-68），可对地面和海上目标进行侦察和打击，系统挂载 4 枚空地导弹，攻击精度小于 1.5m。彩虹 -4 系统由 1 个地面站和 3 架无人机及相关载荷、武器构成。其中彩虹 -4 无人机翼展 18m，最大起飞重量 1330kg，最大续航时间 35h，最大载荷能力达 345kg。彩虹 -4 的设计目标同彩虹 -3 强调超低空突防和隐身这一突击功能不同，它强调长时间滞空压制和更高的打击功效，因此设计的核心思想是高升阻比气动布局。彩虹 -4 利用空气动力基础研究的储备，突破了高升阻比气动布局、大展弦比机翼气动弹性以及特殊机头横向分离涡对稳定性影响等关键技术，同时彩虹 -4 使用了更高比例的复合材料，进一步降低了结构重量所占比例，新技术的使用实现了长航时高载重的技术要求，也使彩虹 -4 处于国际上先进水平之列。

　　彩虹 -5 是在彩虹 -4 的基础上发展而来的（图 2-69），体型和重量均比翼龙和彩虹四号有所放大，飞行性能和作战能力更加强悍，是目前国内重量最大、尺寸最为巨大的攻击型无人机。起飞重量达到了 3000kg，最大载弹量达到 0.9t，翼展 25m 以上，最大飞行速度 400km/h，空中巡航时间可达 30h 以上。

　　在动力上，配备一台国产涡桨 9 型涡轮螺旋桨发动机，输出功率 506kW，这是中国首次在 3t 级无人机上安装涡桨发动机。可以使其巡航飞行高度提高到 15000m，作战高度达到 9000m。

图 2-68　中国航天研发的彩虹 -4 无人机

　　彩虹 -5 的载弹量增加至 0.9t，其机翼下可以挂载的弹药种类更加多样化，进而带来战术的巨大变化。尤其是可以挂载 250kg 和 500kg 级别的通用弹药。彩虹 -5 号的另一个革命性的标志是实现了真正的战场 ISR 能力，即情报、监视与侦察能力。除四合一（可见光、红外、激光测距和激光指示）四种功能稳瞄平台以外，还在机身中部安装了一部大尺寸的合成孔径雷达，可实现 80km 距离上复杂气象条件下的昼夜战场探测和控制能力，能够穿透敌人的伪装或遮蔽物。

图 2-69　中国航天研发的彩虹 -5 无人机

彩虹 -802 是一种超近程小型无人侦察机系统。采用手抛或弹射模式起飞，伞降回收，其起飞重量 6.5kg，实用升限 4000m，目标定位精度达 80m，续航时间 1.5h，巡航速度 40 ~ 70km/h。是一种微小型多功能飞行器，彩虹 -802 无人机已广泛应用，表现出使用方便、可靠性高、定位准确等多项优点，在多次试验、飞行任务中均圆满完成任务，用户对此型无人机给出高度评价，认为其在性能上已经超过了美国同类型的无人机系统，处于国际同类无人机领先水平。2012 年 8 月，该型无人机研制单位获得国家某重大工程先进单位称号。

彩虹系列无人机已出口 9 个国家，覆盖 17 个最终用户，中国航天空气动力技术研究院在无人机领域取得了快速的发展，得益于空气动力的优势和储备，得益于将空气动力理论和机理问题首先系统解决的研制模式。未来，中国航天空气动力技术研究院依托这些优势必将使我国的无人机飞的更高更快。

2.2.1.34 青岛潍坊 V-750 直升机

V-750 是中国最大的无人直升机平台（图 2-70），由潍坊天翔航空工业有限公司、青岛海利直升机制造有限公司与中航技进出口有限责任公司、中航工业西安飞行自动控制研究所、中国电子科技集团第十研究所联合研制，年产能力 150 架。V-750 是一种多用途无人直升机，可从简易机场、野外场地、舰船甲板起飞降落，携带多种任务设备。V-750 于 2011 年首飞，2012 年实现批量生产。在 2013 年西安举办的 2013 中国国际通用航空大会公开亮相，V-750 无人直升机是利用美国 B-2B 有人直升机为基础改装而来，由于使用的是美国的动力装置和机体，因此目前还没有完全国产化，但是毕竟是从有人机改装而来，虽然有些不需要的重量无法完全消除，但是仍然展现了强大的载重能力，因此，V-750 可针对特定地面及海域的固定和活动目标实施全天时的航拍、侦察、监视和地面毁伤效果评估等。直升机可完成森林防火监察、电力系统高压巡线、海岸船舶监控、海上及山地搜救等任务。

图 2-70　从有人机发展而来的 V-750 无人直升机

2.2.2　国内民用无人机行业的崛起

20 世纪 90 年代起，我国经济迎来了发展的新高峰，随着无线电遥控模型运动的广普化发展进程加快，90 年代初从各省、市退出的航模职业队的专业选手中，一些人开办了模型生产企业，得益于这些优秀的运动员和教练员对航空模型的深刻理解，他们升办的企业很快成为中国模型生产业的骨干。这些骨干力量紧随市场潮流研发各种类型的航空模型，当然也开始涉足无人机的研发制造领域，近年随着无人机热而新办起来的一批无人机企业也加速推进了中国模型生产的迅猛发展，在全国各地涌现出了航模器材厂家或者无人机公司。"全世界 80% 的航空模型或者相关零部件、设备都由中国企业生产"，这一现实大大降低了航空模型在中国市场流通中的价格，带动了中国航空模型产业乃至无人机的发展。同时也为广大航模运动的爱好者在挑选器材时提供了极大便利，特别是在我国珠海、深圳等南方城市，市场的产业链条集中优势更加明显，这些航模或者无人机企业也与很多高校、航校保持着密切联系，这些企业的努力促进了航模器材在我国大众间的普及也进一步推动了民用无人机的发展，逐步开创了我国民用无人机走出军工体系，面向民用消费市场的局面。

早期民用无人机需要的飞控系统绝大部分依赖进口，当时的民用无人机尚未形成完善产业链条，部分附件价格高，进口飞控软硬件价格更是不菲，整个无人机系统调试复杂，训练难度大，交付客户后续问题较多。当时很多无人机研发团队一边研发，一边利用自己的无人机产品进行各种服务，发现了问题再进行修正。随着航模主动控制技术的发展，进口的轻小型自动增稳系统也开始出现在市场上，我国市场上也逐步出现了数传电台、图传电台、增程天线等设备，很快就大量出现了利用此类设备的无线电遥控航空模型。我国科技人员也开始着手开发自己的自动飞行控制设备、飞控程序。初期产品在航模顶尖爱好者中免费投放测试体验，根据用户的反馈意见设计单位再进行程序代码修改，逐步摸索规律、积累经验、创新开发了我国第一代民用的固定翼、直升机的自动飞行控制软件和相应的硬件。经过市场浪潮的选择，有很多无人机公司被整合或者被淘汰，也有全新创业的无人机公司发展兴旺，总体看来，民用无人机的产业链条越来越完善，特别是我国企业在消费级无人机的研发、生产、销售、应用领域几乎已经占据了世界市场的绝大部分。根据美国 FAA（美国联邦航空局）统计的向其申请飞行的民用无人机数量。截至 2015 年底，FAA 统计的全美获得商业无人机准飞许可证的前 20 名无人机机型中，来自中国大疆创新的产品（图 2-71）就占到了 12 个名次，前 7 名全部是大疆的系列产品，在美国企业向 FAA 申请准飞的无人机机型中，大疆无人机被审批提及的数量占到总数量的 90.17%，可谓一家独大。再对比一下第三方统计平台 SUAS 的无人机的 TOP5 的注册信息统计数量，

1月初（截至 2016 年 1 月 19 日）专业用户注册数据，大疆以 1373 高居第一，占 TOP5 注册总量的 78.8%。3DR 排名第二，占 TOP5 注册总量的 8.7%。这个统计数据虽然不及 FAA 官方数据权威，但也足够反映出主流消费级无人机的市场占有情况，在国外消费级无人机市场仍然是大疆（DJI）一家独大，其他无人机厂商凑整为零也不及第一名的零头。

目前我国的民用无人机研发机构不仅仅有韦加（图 2-71、图 2-72），还有大疆（图 2-73），零度智控（图 2-74）、亿航（图 2-75）、易瓦特（图 2-76）、极飞（图 2-77）等等，大家都是从零做起。一步一步踏踏实实地开始实现了概念创新 - 技术实现 - 工程样机 - 成本降低 - 市场占有 - 行业标准的良性循环。希望中国的无人机领域能够异军突起，并且实现军民技术的融合兼顾，为中国的发展做出更大的贡献。

图 2-71 民用工业级无人机的典型代表——韦加的垂直起降固定翼无人机

图 2-72 民用工业级无人机的典型代表——韦加的固定翼无人机

图 2-73 民用消费级无人机的典型代表——大疆的精灵无人机

图 2-74 零度智控的 Xplorer Vision 无人机

图 2-75 亿航的 ghostdrone 消费级航拍无人机

图 2-76 易瓦特的工业级航拍无人机

图 2-77 极飞的农用无人机

第3章 百花齐放——无人机的分类及应用

无人机是在空中飞行的无人机器人，它的分类有很多种，其主要的飞行功能是其飞行平台决定的，不同平台赋予了各种无人机截然不同的飞行品质和特性，由此对于机载的飞行控制设备就需要不同类型的控制软硬件系统。至于任务载荷和数据链系统则大同小异，无非是各个无人机飞行平台的不同载重量导致不一样任务配搭方案以及不同的飞行特性影响到任务设备的选择。

3.1 无人机的分类

无人机的种类应主要根据起飞行平台的构型来分类，这一分类标准可以参照有人机（表2），划分为轻于空气的平台（图3-1）和重于空气的平台。重于空气的平台则根据升力来源的不同又可以划分为固定翼的飞机平台（图3-2），旋翼类的直升机平台（图3-3），自转旋翼机平台（图3-4），扑翼类的仿生飞行器平台（图3-5）以及利用伞衣、伞翼以及充气机翼的柔性翼飞行器平台（图3-6），依靠倾转旋翼机模式或者飞行过程中改变飞行器外形等飞行要素的变模态飞行器平台（图3-7）。

表 2 无人机的分类

平台种类	平台细分	备注
轻于空气的飞行平台	无人驾驶气球	
	无人驾驶飞艇	
重于空气的飞行平台	无人驾驶固定翼飞机	
	无人驾驶直升机	包含传统直升机和多轴构型无人机
	无人驾驶自转旋翼机	
	无人驾驶变模态飞行器	包含倾转旋翼和复合翼
	仿生无人飞行器	
	无人驾驶柔性翼飞行器	包含伞翼、悬挂滑翔翼以及充气翼

图 3-1 轻于空气的无人飞艇

图 3-2 重于空气的固定翼飞机构型的无人机

图 3-3　重于空气的直升机构型的农用植保无人机

图 3-4　重于空气的无人自转旋翼机

图 3-5　仿生的扑翼类无人机

图 3-6　采用滑翔伞构型的柔性翼的无人机系统

图 3-7　韩国研发的倾转旋翼无人机系统

其次，无人机也可以根据动力来源分为内燃机动力和电机动力。内燃机分为活塞、涡轮两大类，这两类都需要使用燃油（图 3-8）。电机动力的无人机则主要依靠机载电池（图 3-9）或者太阳能（图 3-10）产生的电源为能源。

图 3-8　采用内燃机作为动力的翼龙无人机

图 3-9　采用无刷电机作为动力的韦加公司生产的电动八轴无人机

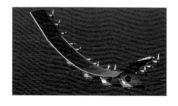

图 3-10　由美国 NASA 的"太阳神"太阳能动力无人机

再次，可以按不同使用领域来划分，无人机则可分为军用（图 3-11）和民用两大类（图 3-12）。

图 3-11　"全球鹰"军用无人机

图 3-12　农用植保无人直升机是民用无人机的代表

一般而言，固定翼构型的无人机飞行平台是军用和民用无人机的主流应用平台。广泛应用在军事、测绘、侦察、巡逻、人工天气影响、科学实验等方面，最大特点是飞行速度较快，留空时间长，载重量大。

旋翼类无人机能够垂直起降和稳定悬停是灵活性最强的无人机平台，因其可以原地垂直起飞和定点上空的稳定悬停，就成了消费级和部分民用用途的首选平台。主要应用于航拍航摄、巡线勘察、反恐处突、新闻传媒、植保飞播、个人娱乐等领域。此类无人机可以归结为直升机构型，单旋翼加小尾桨或者双旋翼共轴（串列／横列）的常见布局的飞行平台，起飞重量能做得更大，飞行距离更远，留空时间更长，主要是应用于作业级别。而我们现在常见的多旋翼（多轴）则主要运用于消费级别和小型作业使用，这类飞行平台结构相对简单，机械运行部件很少，特别是如果使用电力作为主要能源的话，就飞行平台而言几乎只有电动机和螺旋桨是唯一实现机械运行的部件了，控制灵活，制造调整相对容易，但是体型都比较小，续航时间有限。

旋翼类的还有一种就是利用自转旋翼机发展而来的无人机平台。它虽然是旋翼类航空器，但是它不能垂直起降和悬停，其飞行特点却接近于固定翼飞行平台，飞行速度不快，飞行安全系数高，但目前这种类型的无人机平台实际应用很少，反而在普及级的载人运动飞行和个人飞行器制造领域见得较多，暂不深入介绍。

扑翼类的无人机是仿生的应用，此类无人机现在世界各国都在努力研究和开发，分别模拟鸟类和昆虫的不同飞行方式从而诞生出的全新无人机飞行平台，此类无人机一般都向小型化方向发展和靠拢，因为其仿生的特点，不容易被发现，主要被用于军事领域，目前在民用领域还很难看到此类平台的应用。

轻于空气的无人机平台依靠空气的浮力实现飞行，军民领域都有广泛应用，因为可以长时间的飘浮于空中，主要用在运输、新闻广告、航拍航摄、侦察监视领域，但是庞大的体型造成它地面准备周期长，空中飞行时易受风的影响，飞行动作迟钝缓慢不灵活。现在世界各国也在积极开发柔性翼半浮空类无人航空器，此类无人机的机翼是柔软密封的，空气排空后机翼可以折叠便于收纳，当机翼内部充满空气或者氢气达成机翼的升力体构型，如果是充空气，就采用普通飞机模式飞行，但是因为机翼的刚性不足，不便于在机翼上布置操纵面，其基本飞行动作需要尾翼来实现，所以灵活性比普通的固定翼飞机差一些，但当其内部灌充氢气后不仅保持了机翼的升力体造型，依然可以利用固定翼的飞机模式飞行，而且还能提供一部分空气浮力为整个飞行器提供额外升力。不过此类无人飞行器因为机翼的刚性不足，不便于在机翼上布置操纵面，其基本飞行动作需要尾翼来实现，所以灵活性比普通的固定翼飞机差一些。

3.2 民用无人机的研发机构

目前我国本土的主流民用无人机研发生产机构有如下几家。

（1）北京韦加无人机科技股份有限公司（简称韦加无人机）成立于2013年7月。系北京韦加航通科技有限责任公司（以下简称韦加科技）的控股子公司。韦加科技成立于2005年，民营军工企业，现有员工300余名，研发及设计人员超过55%，研发队伍中有60%以上具备硕士、博士学位，具有高水平的研究和开发能力。

韦加无人机是中国工业级无人机产品及解决方案供应商，长期致力于工业级无人机的研发、设计、生产、销售、服务及教育培训。韦加无人机产品包括：电动固定翼无人机、JF01-10 植保无人机、JF01-20 植保无人机、电动八旋翼无人机、系留式无人机等机型，产品被广泛应用于军事、公安、测绘、农业、林业、石油、电力、环保等多个领域。尤其是在无人机通信、无人机图传、无人机测绘、无人机植保居于国内领先地位；军用方面公司多个无人机系统已经进入列装和预研阶段，可应用于战术情报侦察、军事训练、后勤保障和无人作战领域。

韦加科技先后被评为中关村高新技术企业、北京市高新技术企业、北京市 3A 级诚信优秀企业，并取得军队授权装备可研承制单位、国家保密资格单位、GJB9001A-2001 军工产品质量体系认证、军队网络采购信息发布资格认证、安防工程企业一级认证、计算机信息系统集成及服务三级资质认证，系国家二级保密资质单位。

韦加科技目前拥有 35 项发明专利、2 项实用新型专利和 30 多项软件著作权，拥有 100 多种自主创新产品。产品包括电动固定翼无人机、植保无人机、多旋翼无人机、系留式无人机等多种机型。国内首创任务载重超过 5kg 电动固定翼无人机，国内唯一 20kg 级全自动植保机，韦加科技独有的机型及通信设备，构建起了"天地通"可视化移动指挥调度系统，韦加无人机产品被广泛应用于军事、公安、武警、测绘、农业、林业、石油石化、电力、气象等多个行业领域，尤其是在无人机通信、无人机图传、无人机测绘、无人机植保居于国内领先地位。

（2）深圳市大疆创新科技有限公司（DJI-Innovations，简称 DJI），成立于 2006 年，是全球领先的无人飞行器控制系统及无人机解决方案的研发和生产商，DJI 始终以领先的技术和尖端的产品为发展核心。从最早的商用飞行控制系统起步，逐步研发推出了 ACE 系列直升机飞控系统、多旋翼飞控系统、筋斗云系列专业级飞行平台 S1000、S900、多旋翼一体机精灵系列、Ronin 三轴手持云台系统等产品。不仅填补了国内外多项技术空白，并成为全球同行业中领军企业，DJI 以"飞行影像系统"为核心发展方向，通过多层次的空中照相机方案，带给人类全新的飞行感官体验，使得飞行在普通大众中皆能随心所欲。DJI 的领先技术和产品已被广泛应用到航拍、遥感测绘、森林防火、电力巡线、搜索及救援、影视广告等工业及商业用途，同时亦成为全球众多航模航拍爱好者的最佳选择。DJI 将结合自身的积累和优势，不断开发创新技术，为用户设计和创造更多更卓越的产品和服务。

DJI 的主要产品是精灵（Phantom）系列消费级航拍一体机；御（Mavic）系列便携航拍一体机；悟系列变形专业航拍机平台；如影（Ronin）系列专业手持摄录稳定云台；灵眸（Osmo）系列智能手持一体化云台相机；禅思（Zenmuse）系列一体化微型云台相机；MG-1 农业植保机；经纬系列专业航拍和行业应用飞行平台；筋斗云（Sprending）系列专业航拍和行业应用飞行平台，Guidance 高精度视觉里程计（用于无人机平台的自动避让）。

（3）极翼是一家致力于为智能化时代提供核心技术解决方案的公司。目前，极翼完成了无人机飞控、云台等核心组件的技术开发，具备为无人机生产厂家提供成套核心零部件的能力，是无人机行业唯一一家以提供无人机整机解决方案为核心业务的公司，同时也是业内少数几家拥有无人机核心技术及资源的企业。极翼的团队由负责军工相关项目的人员组成，从直升机飞控到 2012 年进入多旋翼市场，专业开发多旋翼飞控及无人机周边控制产品。作为无人机行业解决方案以及整机核心零部件的供应商，极翼为想在无人机行业快速立足的行业新进入者提供弯道超车的机会，帮助客户缩短从原型机到量产所需的时间；通过不断的技术积累，极翼拥有飞控、云台、IOS 及安卓地面站系统、室内视觉定位系统、北斗差分系统、GPS、雷达定高系统、航姿系统等无人机核心技术，还有避障系统、人脸识别自动跟随、语音控制无人机等相关技术，极翼的主要产品是 P2 系列自动飞行控制器，极翼 G 系列云台，开放的无人机整机定制服务。

（4）亿航是一家全球领先的智能飞行器科技公司。2014 年 4 月成立，总部位于广州，亿航打造了全球最容易操控的智能无人机 GHOSTDRONE 2.0，通过独创的 EHang Play 智能应用自动化简易操控、阿凡达体感飞行、与 VR 眼镜相结合的沉浸式航拍体验，让普通大众享受到无人机飞行的乐趣，目前产品已销往全球各地。目前，亿航拥有一支由来自世纪互联、微软、联想、富士康的资深高管带领的约 300 人团队，成为竞争激烈的全球无人机市场中的领军者，并将快速占领大众市场。亿航的主要产品是手机控制的 GHOSTDRONE 无人机，EHang184 无人机，天鹰系列无人机。

（5）广州极飞科技有限公司（简称极飞）成立于 2007 年，致力于民用无人飞机和飞行控制系统的研发和制造，是无人机行业领跑者和国内领先的商用无人机研发企业。成立 8 年来，极飞从未停止探索和创新的步伐，在商用无人机、农业无人机领域取得了重大突破。经过持续的技术积累和市场实践，极飞已经在小型无人飞机，尤其是多旋翼飞机等领域取得重大突破，其核心产品 XMission"极侠"全天候多功能无人机系统，为安防巡视、消防救援、环境保护、低空物流、遥感测绘等领域提供了最优异的解决方案，能够一体化解决行业用户的需求。极飞自 2012 年开始研发农业植保无人机，经过两年时间已建立起全面的植保无人机作业规范。目前，极飞第三代植保无人机已经在新疆完成了万亩棉花地的验证和试运营工作。2015 年，极飞相继推出了全新智能农业无人机解决方案和极飞无人机植保服务，希望通过科技的力量改善传统农业对人工的依赖，提升农产品质量，降低生产成本，进而提升中国农业在国际市场的综合竞争力。目前极飞已经成为多国政府部门和知名企业的合作伙伴。产品涵盖农业植保、影视航拍、低空物流、警察监控、医疗救援、森林防火、地质勘探、空中测绘、极地科考等无人机核心产业。极飞的主要产品是 P20 系列农业植保无人机；极侠安卓操控平台的商用多功能无人机。

（6）零度智控（北京）智能科技有限公司，成立于 2007 年，致力于成为全球顶尖的智能飞行器产品和智能无人机整体解决方案供应商。零度智控（北京）智能科技有限公司以固定翼核心控制系统起步，后扩展至多旋翼无人机领域，技术已覆盖飞控、云台、高清图传、CV、双目、稳像等无人机关键领域，其双余度安全飞控"双子星"享誉国内外，目前已服务于数以万计的客户。零度智控先后推出了飞行控制系统、增稳云台、商用无人机整机、专业影视航拍系统等数十款产品，奠定了无人机专业市场领导品牌地位。零度智控开发的产品被广泛应用于测绘、安防、影视、农业、电力、科研等领域，是民用无人机领域的技术派代表。其主要产品在 DOBBY 口袋无人机；守护者 Z-10 农业植保无人机；Z-1200/1600 多轴无人机平台；Highone 专业航拍无人机（独创的整机降落伞）E1100、E-EPIC 专业航拍无人机平台；雨燕飞翼无人机平台以及各种云台、飞控、数传电台等设备。

（7）中科遥感科技集团有限公司由中国科学院遥感与数字地球研究所控股，是在中国科学院与天津市政府 2005 年签订的院市合作协议指导下，为加速推进中国科学院遥感与空间信息技术成果转化与产业化，促进我国空间信息产业发展而成立的高新技术企业。公司成立于 2007 年 6 月，下设 5 个全资子公司，在天津、北京、广东、河北、江苏、贵州设有基地。中科遥感是国家发改委遥感卫星示范基地，遥感卫星应用国家工程实验室的成果转化基地，国家遥感应用工程技术中心产业化基地，中科院云计算中心遥感云服务中心，国家高分辨率对地观测系统河北高分数据与服务中心。承担了高分重大专项、国家 863、发改委卫星应用专项、科技部重大仪器专项，以及国土部、环保部、水利部、测绘局、海洋局、地调局一系列科研项目，拥有近 50 项自主知识产权和多个发明专利。中科遥感在无人机的产品主要是提供专业服务的执行航拍航测的中遥系列无人直升机、固定翼飞机、手抛无人机。

（8）易瓦特科技股份公司是一家专注于航空事业的高新技术企业。旗下设有武汉易瓦特航空技术股份有限公司、湖北易瓦特电力科技有限公司、易瓦特（中国）有限公司、易瓦特（美国）有限公司等多家控股公司与机构，易瓦特科技股份公司成立于 2010 年 5 月，同年，第一架易瓦特无人机 EWG-I 问世。2011 年，建立覆盖全国的技术支持、销售与售后服务网络。2012 年，EWATT 全系列机型在青藏高原测试飞行成功。2013 年，组建国际化技术开发团队。2014 年，经国家民航局下属 AOPA 协会批准成立易瓦特民用无人机飞行培训学院。2015 年，优化公司股权结构，正式启动 IPO 上市计划。易瓦特的主要产品是 EWG 系列固定翼无人飞机或者无人直升机，主要面向工业级用户。

（9）深圳市艾特航空科技股份有限公司（以下简称艾特航空科技）成立于 2002 年 8 月，是中国航模产业最早和注册资本最高的国家级高新技术企业。历经 12 年的积淀与发展，公司现已成为我国航模产品和遥控设备设计、研发、生产、销售的龙头企业，是国内自主创新能力强，拥有自主知识产权最多的航模企业，为推动我国航模业的发展起到了重要作用。早在 2009 年，艾特航空科技便投入巨资设立无人机事业部，自主研发电力巡线、森林防火等系列无人机，倍受省领导和军方认可。艾特航空科技注重产品研发与设计，始终坚持以市场需求为导向，与国内外著名航模经销商联合研究开发新产品，生产的产品以外形美观、技术先进、适用性强、安全环保、质量优良等优势，畅销全球 80 多个国家和地区。艾特航空科技的无人机产品主要是 I-eagle 消费级航拍无人机以及各种针对客户的 AT 系列油电混合动力的定制化无人机解决方案。

3.3　无人机的用途

无人机的最大特点就是在其飞行平台上面并没有真正的飞行员，这就消除了在执行任务过程中特别是军事行动的任务中存在的风险，降低了在完成各种任务过程中对飞行员生理和心理的考验，使用效率高，费用低廉。从前文我们可以看出，无人机的用途首先就是军事，不论哪个类型的无人机，无论它的动力系统或者本身构型是什么样的，各种各样的无人机都是为了完成指定的目标而生，这些需要完成的指定目标不论是军事还是民用，就是无人机的用途。

3.3.1　航拍航摄

这一用途广泛在军、民用无人机上使用。早先也都是军用无人机的专利，随着电子元器件的小型化，甚至让智能手机成为了有效的监视器。移动互联网的发展推动民用无人机技术的发展，民用消费无人机的航拍航摄更多的就是相对单一的拍摄拍照功能，主要目标也仅仅是为了留下影像资料以供休闲娱乐，主要是可见光领域的拍摄。在工业无人机应用中的航拍航摄则大多应用于影视作品的拍摄、民用地图的拍摄、土地矿产资源的普查、线路的巡查检测、取证执法、危险环境勘察、紧急救援的侦察指挥协同、天文观测、科学实验等，工业应用就已经有了可见光和非可见光的多种手段。而军用领域则主要在于对目标或者各种需要的情报的获取、跟踪、监视、指示、并且通过卫星通信以及移动网络、数据链等实现信息的快速传递和共享，此时更是全光学频段的覆盖。

3.3.2　目标诱饵

这一途主要是军事无人机上广泛使用，这一用途在民用领域很少见到。在前文可以看出，世界早期以及新中国建国初期研发无人机发展相当多的都是靶机和靶弹。靶机用于模拟敌方来犯目标的声音、可见光、红外、电磁、运动特点等特征，靶机也可以模拟己方的各种飞行装备的目标特征作为诱饵，在突击敌方阵地时起到诱骗分散火力，暴露敌方防御阵地位置，侦测敌方电磁信号特征，电磁压制甚至是实现"自杀式"攻击功能的作用。而靶弹则主要是供己方的空军、防空兵、民兵部队进行各种对空射击训练使用。

3.3.3　运输投送

这一用途在军事上应用较广，因为在战场情况有利的情况下，可以使用有人载具进行战略战术的物资补给运输投送，而一旦进入胶着状态或者对己方不利的情况下，冒险使用有人载具进行投送就有可能导致更大的伤亡或者损失，利用无人机可以尽最大努力的减少这一损伤。美军研发的后勤机器人车辆（机器狗或者机器骡子）就是非常的典型的例子。当然，在目前而言比较成熟的产品还主要是无人的地面车辆，用无人飞行器的还比较少。

在民用领域则主要用于紧急救援，在地面救援力量尚未发现被困人员或者因为一些原因暂时无法顺利抵达被困人员身边的时候，就可以依赖无人机先展开侦察搜索，发现目标后可以先对需要救援的人员进行急救物资以及其他补给的投送。我们最近也看到无人机投送快递甚至是在餐厅送餐的实验屡见报端，相信不久的将来有更多运输领域事情可以由无人机来执行。

3.3.4　工程应用

这一应用在军事和民用领域都有，主要是在建设工程领域，比如架设线缆，首先利用无人机带牵引线进行远距离飞行传递，然后再利用牵引线将主线牵引并实施定位安装，类似的工作也可以用于引航作业。

3.3.5　农林植保

精准农业已经成为现代社会所倡导的科学促进农业改革以及发展的目标，无人机由于其简单的使用方法，灵活的运行方式，越来越多地在社会发展中得到肯定和普及，随着技术的发展，无人机会高度智能化，进一步简化其使用方法，并且它们可以根据指令自动进行精确药量的播撒，在大数据加互联网加人工智能大发展的时代，植保技术可以让我们的生活更加无忧，更加安全。

3.3.6 通信中继

我们的通信大部分都是同一介质、视距内、直线传播情况下效能最佳，但是实际应用中，存在很多距离超限、位置不佳，穿越不同介质情况下的通信需求，因此通信中继也是无人机可以执行的任务之一。

3.3.7 人工天气影响

天气是影响人类社会发展的一个重要因素，特别是对于农业和航空领域，更是"靠天吃饭"，有能滋润大地的降水，也有能促进风媒植物传播花粉的春风，当然也有危害人类生产的灾害性天气比如冰雹。为了让天气能最大限度的被利用，避免恶劣的灾害性天气，利用飞机、高射炮以及火箭弹进行人工天气影响一直是通用航空和天气部门重要工作之一。但是人工天气影响往往需要在临近危险天气的区域执行飞行任务，对载人的飞机而言确实充满了风险，而利用高射炮和火箭弹的精确度又不高，作业范围也受到限制，所以，使用高空长航时无人机可以让人工天气影响作业更加精确和安全。

3.3.8 科学实验

诸如大气观测、天文探索、环境保护、地球物理、野生动物保护等领域的科学探索和实验都可以使用无人机来完成，这样大大降低风险以及更容易获得所要取得的科学数据，甚至是"牺牲"式的科学实验都可以通过无人机来完成。

3.3.9 医疗卫生

医疗废弃物的处理，手术的执行都可以使用无人机来进行，特别是手术的执行，现在有些精确的手术都已经使用机器人进行了自动手术。而在未来将会由体型更小，性能更优异，对人体机能无害，并且可以通过新陈代谢排出体外，这样的纳米级无人机就可以更加精准地执行医疗团队制定靶向治疗方案。

无人机的应用正如火如荼地在我们面前展开，让我们一同去见证那波澜壮阔的未来，一同去探索那激动人心的领域。

第 4 章 麻雀虽小五脏俱全——无人机系统概述

无人机是利用飞行平台执行指定任务的空中机器人。因此它的系统主要分为两大部分，一个是飞行平台，一个是任务载荷，任务载荷有时和飞行平台相互完全独立，但绝大部分都会在一些系统上进行交联，我们分别就这两大部分开展论述。

4.1 无人机的飞行平台系统概述

前文也有提到，无人机的飞行平台不外乎固定翼的飞机构型（含伞翼、柔性滑翔翼和充气的柔性翼），旋翼类的直升机或者自转旋翼机构型、变模态的直升飞机构型、轻于空气的浮空航空器构型以及扑翼构型的航空器。

4.1.1 固定翼的飞机构型的飞行平台系统

此类飞行平台主要分为机身、机翼、起落装置、动力装置、机载设备五大部分，和有人机区别并不大，只是将传统的尾翼—严格讲应该称为安定面以及舵面，独立划分融合进了机翼的范畴，因为有些鸭翼构型的飞行器的安定面或者舵面不仅仅起到稳定控制作用，还能产生升力，而伞翼或者柔性滑翔翼因为在飞行中，其产生升力的柔性翼面通过支架或者伞绳与机身相连且基本相对保持位置不变，也把它们划分到飞机这一类里面统一描述。

4.1.1.1 机身

机身主要起到装载和连接的作用。无人机的任务载荷都安装于机身内部或者表面，而且机身也与动力装置、起落装置、机翼相连，机身将整个分系统有机地联系在一起。并通过自身的结构来承担自身或者其他部件、装载的内容物传递的载荷、飞行中的气动过载以及传递力矩（图4-1）。机身的设计目标是：满足应用的要求；保证结构完整安全的前提下尽量减轻结构重量；合理运用内部空间，保证飞机飞行性能；尽量光滑流线，减小阻力；可维护性好，安装在机身内部的设备便于接近维修；便于制造，便于修理。固定翼无人机的机身构型可以分为简单梁杆式、构架式、半硬壳式和全硬壳式。就机身的本体而言，除了翼身融合或者按照升力体设计机身外，几乎不产生升力，产生的都是废阻力，因此在满足运载能力、结构强度和飞行性能的前提下越简单，越流线，越光滑就越能降低阻力。

简单梁杆式机身主要由自由飞类航模滑翔机发展而来，此类无人机的机体就是一根非常简洁的杆，机翼尾翼直接安装在上面，机身头部或者下部安装有任务载荷，此类构型的特点就是简单，所有设备一目了然，便于维护。此类构型的机身主要用于便携式手抛近距侦察使用的无人机（图4-2）。机头或者机身下方悬挂的任务载荷可以根据不同任务安装不同的设备总成，此类构型的无人机往往采用高置上单翼，推进或者拉进式动力装置，电动居多，而且动力装置一般都与机翼相连而不与机身相连，机身仅仅通过翼台与机翼，尾翼相连，为了追求简单轻巧，起落装置往往也会省略。

构架式机身则是为了保护任务载荷以及控制装置，采用木质或者金属以及复合材料条、管、棒进行构架，并且通过搭建三角形结构用以加强，最终由整个机身构架承载剪切力、弯矩和扭矩（图4-3）。在这样的机身外表会蒙有棉纸、绢、涤纶绸布、热缩膜等材料来整流，偶尔也能见到用复合材料或者木质薄板整流的，但是这些蒙皮更多的起到的是让整个机身尽量光滑的作用，只承担很小的气动力，一般不承担任何弯、扭、剪力。此类机身构型应用在早期的一些固定翼无人机上面，现在用得不多。但是这种构型在无人直升机和多轴飞行器上却应用广泛，小型的无人直升机一般由航模直升机发展而来，机身就是工程塑料、金属或者复合材料制成的机体构架，小型的多轴飞行器更是用复合材料或者工程塑料的板材和管材进行构架整合，机体外表的整流罩主要是为了美观和保护内部设备，不承担机体受力。

半硬壳结构的机身是由梁、桁条、隔框组成框架，外表覆盖蒙皮，蒙皮与梁、桁条和隔框也紧密相连，共同组成机身的箱筒状结构。其中大梁和桁条用来承受弯矩引起的轴向力，与之相连的蒙皮除了要不同程度地承受轴向力外，还要承受全部剪力和扭矩；隔框用来保持机身的外形和承受局部空气动力，此外，还要承受各部件传来的集中载荷，并将这些载荷分散地传给蒙皮。这一结构是当前主流的载人飞机的机身结构（图 4-4），对于无人机而言主要由固定翼无人机采用，材料也主要是木、金属、碳纤维和玻璃纤维等。

图 4-1　歼 7 飞机的机身

图 4-2　单兵一号手抛无人机

图 4-3　靶 -1 靶机就是构架式机身，连机翼尾翼都是

图 4-4　"探路星"无人机的机身

全硬壳结构是采用框架、隔框形成机身的外形，而蒙皮承受主要的应力（图 4-5）。硬壳式机身结构一般只有隔框，没有或者有很少的纵向加强件，因而蒙皮必须足够厚和足够强才能维持机身的刚性。这在现代载人飞机领域较少使用，在通用航空领域由于飞机体量比较小，也能找到一些采用硬壳结构机身的载人飞机，在无人机领域，因为尺寸更小，就有很多机身采用整体注塑式或者复合材料制作的硬壳式机身无人机，特别是在一些小型舱身式无人机用的比较多。现在制造航模无人机的材料越来越轻量化，EPP、EPO、EPS 这样的泡沫一次成形的机身为了加强机身强度，中嵌一根碳纤维梁的这种结构从某种意义上也可以视为硬壳式机身。

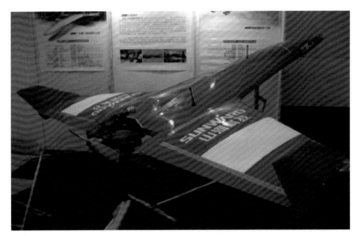

图 4-5　采用复合材料整体成形的硬壳式机身

4.1.1.2 机翼

机翼（包含尾翼或者鸭翼）是产生升力以及姿态控制力的主要部件。机翼一般是左右对称地出现在机身两侧，主要作用就是产生升力以及产生气动平衡力矩，上面还拥有一些可以活动的舵面，这些活动的舵面改变机翼的形状，控制了升力和阻力的分布，达到改变飞行姿态的目的。无人机领域的飞行器尺寸都稍小，因此机翼的构造主要分为构架式、整体式、柔性结构式。构架式就是和普通飞机一样的类型，由翼梁、翼肋、腹板、加强筋条组成构架并且与蒙皮一起组合形成盒形结构来承担弯矩扭矩并且保持机翼外形，由蒙皮承担的气动力，传导至结构架上作为机翼的整体载荷（图 4-6）。这一机翼形式在无人机和航空模型领域应用最广，广大爱好者在航空模型制品中经常能见到。

整体式是利用可发泡材料在模具内统一发泡成形，此类材料有 EPP、EPO、EPS 等。此类机翼便于生产，一次成形，耐冲击、韧性好，但是强度不足，一般都需要与木材、复合材料、铝合金等材料制成的杆或者梁相结合才能发挥出最大的性能优势（图 4-7）。此类机翼还有一个特点就是只能用专用的胶水粘接，传统的 502、哥俩好等含有有机溶剂的胶水会对其产生严重腐蚀。此类机翼主要用于简易便携的手抛类型无人机，除机翼外，甚至机体都可以用这种材料制作，可以进一步降低成本。

图 4-6　构架式的机翼

图 4-7　泡沫整体成形的机翼

柔性结构的机翼主要是指半柔性伞翼、全柔性的伞翼以及充气柔性翼（图 4-8）。半柔性的伞翼采用航空铝合金或者复合材料薄壁管构建三角形的构架，用涤纶纤维织物制成的伞布形成左右对称的两个圆锥面。飞行时迎面而来的气流吹鼓伞布自然形成产生升力的翼面，柔性的翼面将气动力传导至伞翼构架上，伞翼构架承担主要气动载荷，此类伞翼仅仅起到升力面的作用，不具备姿态控制能力，在同样高度与速度下，伞翼能提供的升力仅能达到通常机翼的三分之一左右。飞不到较高的高度。但是由于采用三角形伞翼，使飞机翼展较小，这样在低空复杂气流作用下，相对容易保证平稳飞行，此类构型多见于慢速的航拍航测无人机上。而全柔性的伞翼则主要是指类似滑翔伞或者特技运动降落伞那样的构型，采用航空绸布制成上下两片翼面，中间以肋片隔开若干气室，前缘开口，后缘封闭，飞行时相对气流自前缘的开口处冲压进入，形成上表面鼓起，下表面凹进的滑翔翼构型，每一个气室也成为组成整个伞翼翼面的单元，每一个单元可以提供一部分结构刚度，但绝大部分的翼面的升力或者气动应力全部通过柔软的伞绳传导至机身上，并通过操纵绳来改变伞翼的两侧弯曲程度来实现姿态控制。在不飞行时，整个伞翼就可以折叠收藏。由于起飞时展开较为麻烦和起伞技巧要求较高，此类机翼构型在无人机中的应用不是很多。

充气柔性翼是通过充气式来达到合适的升力体构型的机翼。内部充入氦气后，膨胀成特定机翼形状。通过翼下扣带连接吊绳丝将机身吊挂在柔性翼下方，可构成充气式柔性翼滑翔机、人力飞机、动力飞机和太阳能飞机。如果在内部充填的是氦气（不允许使用氢气，除非得到局方批准）的话，充气柔性翼就同时具有静态浮力和动态升力，整体结构重量可减至普通机翼的三分之一甚至一半，简单可靠、安全稳定，制造成本也可以大大降低，其实此类构型的机翼是轻于空气的航空器和重于空气的航空器的结合。柔性机翼使用难点就是此类机翼难以在其上面布置副翼、襟翼、缝翼、扰流板等操作面，也无法在机翼内部安排整体油箱等。

图 4-8 滑翔伞翼无人机是使用柔性机翼的无人机代表

4.1.1.3 起落架

起落架是让飞机在地面停放、起降滑跑时用于支撑整机重量，吸收接地冲击能量的部件（图4-9）。有轮式、滑橇式、雪橇式、浮筒式和船身式等构型。

轮式应用最为广泛，各类航空器均可采用；滑橇式主要用于直升机；雪橇式主要是根据冬季的自然环境由轮式起落架改装而来；浮筒式是为了应用在水上起降条件而设计的固定翼的飞机或者旋翼类的直升机都有采用；船身式则主要应用于固定翼的水上飞机构型。

无人机则主要以轮式和滑橇式为主。轮式在固定翼上应用较多，滑橇式则主要是在直升机类无人机的应用比较多，由于很多无人机的体型比较小，所以有的无人机干脆取消了起落架，直接采用机腹迫降的形式着陆。载人的飞机上为了有效减缓飞机着陆时和地面的撞击，大都使用了液压气压混合缓冲的方法，而且充气轮胎的弹性也有很好的吸收震动的能力。对于无人机而言，由于本身的尺度以及重量小，为了尽量简化并节约重量，让无人机能携带更多的载荷执行任务，几乎都采用了非常简单的板式起落架。板式起落架利用材料自身的弹性来吸收震动，橡胶机轮绝大部分都是实心或者空心不充气的状态，可完全满足日常使用的需要。仅仅在大型的军用无人机上才用到了具备油气混合缓冲支柱的起落架和充气轮胎。

对于旋翼类的直升机构型的无人机，不论是传统布局还是多轴布局，几乎无一例外的都采用了塑料、板材或者复合材料的滑橇式起落架。因为单旋翼的直升机或者多轴飞行器自身可以控制下降率，起落架与机身或者机架本体就是刚性连接，飞行时或者在降落时的几乎完全依赖在任务设备上或者机载设备上安装的缓冲吸能的装置来抵消整个飞行器产生的震动或者接地冲击。一旦着陆冲击太大时，滑橇起落架就通过变形或者结构溃缩来吸收冲击能量，从而达到保护更重要的机载设备的目的。

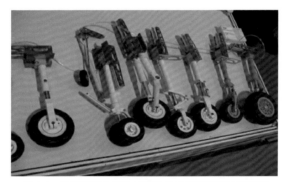

图 4-9　航模和无人机的起落架很多情况下都可以通用

4.1.1.4 动力装置

动力装置是为整个飞行器平台提供推（拉）力，从而让飞行器产生升力并能够为其他机载设备或系统提供动力能源的系统，该系统包含发动机本体和正常工作必需系统和附件。动力装置可以让飞行器能够持续前行或者带动旋翼旋转，让空气和机翼或者旋翼产生相对运动，从而在机翼上或者旋翼上产生升力，属于一次能源。动力装置还可以通过附件齿轮箱带动发电机产生电力、带动液压泵产生液压力、产生压缩空气等，用于机载设备、环境控制、飞行控制等，属于动力系统产生的二次能源。

常见的动力装置有五大类：活塞式发动机（图 4-10）、涡轮喷气式发动机、冲压喷气式发动机、火箭式发动机和电动机（图 4-11）。其中前三者需要不断地吸进空气，压缩燃烧，燃气排出对外做功实现连续运转，只能在大气层内使用，而火箭发动机一般通过自行携带的氧化剂和还原剂或者固体燃料完成燃烧和产生推力，不再需要额外的空气，因此火箭发动机不仅可以在大气层内使用，也能在外太空使用。最后一种电动机最为清洁，也最安全，对机械维护保养要求低。

图 4-10　各类活塞式内燃机，可以
满足很多无人机的动力需求

图 4-11　电动机

需要说明的是，动力装置还可以细分为热机、电动机和推进器。所谓热机和电动机是将化学能或者电能转换成机械能的装置，推进器是能够提供动力或者推进力，提高速度的设备。我们可以看出活塞发动机仅仅是热机，推进器是安装在上面的螺旋桨（图 4-12），而燃气涡轮发动机（图 4-13）则本身既是热机又是推进器。当然，支线客机使用涡轮螺旋桨发动机和直升机使用的涡轮轴发动机有些例外，因为它们所有的机械能量几乎都被用于驱动螺旋桨和旋翼了，排气几乎没有能量让飞行器增加速度，所以它们是热机，推进器仍然是螺旋桨和旋翼。

对于活塞发动机而言，螺旋桨的功能还不仅仅是推进器，还承担着让曲轴连杆带动活塞越过上下止点的飞轮效应以及对气缸强制散热的功能。

活塞螺旋桨、涡轮螺旋桨、涡轮风扇、涡轮喷气、冲压以及火箭动力装置分别针对不同的飞行速度、飞行高度以及经济性，依次是增加、增加和减少的关系。对于军用无人机而言，大部分使用环境也是低空低速，因此绝大部分采用了活塞发动机配搭螺旋桨构型的动力装置，而在军用的一些大型、高空长航时无人机，甚至靶机、靶弹上才会使用涡桨、涡扇、涡喷、冲压甚至火箭等动力装置。而在民用消费无人机领域，占到主力的是由电动机和螺旋桨匹配而成的动力装置，既干净清洁，又方便安装，还好操作，易于控制，可动部件很少，最大限度降低了因为机械原因导致的故障的可能性，但是电动机就非常依赖可靠性很高的电池或者发电系统。另外一部分民用无人机则为活塞内燃机的发动机和螺旋桨的配置，涡轮喷气类发动机虽然在民用无人机领域也有应用，但是所占份额最少，而且多应用于大型民用无人机场合。需要说明的是目前在大部分无人机产品里面，动力装置还暂时仅仅起到产生推（拉）力促使飞行器飞行速度更快升力更大的一次能源的功能，仅仅少部分军用或者大型民用无人机的动力装置才有提供二次能源的能力。

图 4-12　螺旋桨

图 4-13　涡轮类内燃机

4.1.1.5 机载设备装置

这一系统不论在固定翼飞机还是在旋翼类的直升机或者自转旋翼机基本相同，仅仅是飞行控制设备的控制方法不太一样而已。一般而言，我们将机载设备分为飞行控制、通信系统、机电系统和任务设备四大系统。

飞行控制系统可用来保证飞行器的稳定性和操纵性、提高完成任务的能力与飞行品质、增强飞行的安全及减轻驾驶员负担（图 4-14）。飞行控制系统分为人工控制和自动控制两大类方法。人工控制的指令是由驾驶员发出，通过机械连接或者光电信号线路传输到舵面或者作动筒，直接对飞行器的动作进行控制。自动飞行控制系统的控制指令是系统本身自动产生的，自动飞行控制系统是对飞机实施自动或半自动控制，按照飞控计算机储存的飞行路线自动控制飞机或者协助驾驶员来自动控制飞机。

飞行控制系统实现飞机的俯仰、滚转和偏航控制，增升和增阻控制，配平，直接力控制以及其他改变飞机的构型控制（如改变机翼后掠角、水平安定面安装角等）。它既是飞机的一个组成部分，也是一个独立的系统，如自动驾驶仪、发动机油门的自动控制、结构模态控制等。简单说就是将飞行员的操作意图或者是将飞行管理计算机里储存的飞行计划通过飞行控制计算机转换成控制信号再依靠机械连杆／传动钢索、电传／光传系统、液压作动器等传递到控制舵面上，同时测量飞机的姿态、速度、高度等信息通过导航系统实时解算飞行器的位移，显示在飞行员面前或者和飞行管理计算机里的飞行计划比对实现飞机的半自动控制和自动控制。

大型无人机的飞控系统上和有人机相差不大。而在消费级微小型无人机领域飞行控制系统则主要是电源、飞行控制器、GPS 天线、舵机／电调、电机、摇臂、连杆以及舵面等。无人机的通信系统就是将驾驶员的操纵意图通过地面站转化成无线信号，通过数传电台或者卫星通信天线传输给无人机，同时也将无人机的状态、位置信息等信号传输回地面站，并在显示屏上显示给驾驶员。而无人机所携带的光电传感器等任务设备，感受到的图像或者拍到的图片需要通过图像专用的无线链路传回地面控制站，这就有了无人机常用的图传电台（图 4-15）和数传电台（图 4-16）。图传电台一般是单向的下行链路，而数传电台则是双向的上下行链路。

无人机机电系统是指无人机所搭载的用于辅助执行任务的各类机械电气机构。典型的设施如航拍无人机的云台系统和机架变形系统（起飞后收起起落架以获得更好的拍摄视野）、货运无人机的抓取收放机构等。

无人机任务设备是指无人机的各种用于执行指定任务的设备，诸如摄像头、光电球、药液布撒器等，这些在后文会专门进行讲解。

图 4-14　开源飞控

图 4-15　图传电台

图 4-16　数字传输电台

4.1.2 旋翼类的航空器构型的飞行平台系统

旋翼类航空器飞行平台系统主要分为机架/机身、旋翼、起落装置、动力装置和机载设备。在旋翼类飞行器中产生的升力和姿态控制的力几乎都来自于旋转的旋翼；固定翼飞机由动力装置提供前进推力/拉力，由机翼产生升力。也正是因为这种不同造成了旋翼类航空器和固定翼的飞机在飞行性能和适用领域上的巨大差异，因为前文已经介绍过飞机平台的系统，因此功能和特性类似的系统就不再赘述，本节主要介绍旋翼。

首先，旋翼并不是螺旋桨。螺旋桨是指靠桨叶在空气或水中旋转，将发动机转动功率转化为推进力的装置。螺旋桨可有两个或较多的桨叶与桨毂相连，桨叶的向后一面为螺旋面或近似于螺旋面的一种推进器，而桨叶的向前一面向前鼓出，沿着桨叶做一个周向切面，我们能发现这个切面就是一个标准的翼型，用于和空气或者其他介质相对运动产生流体动力。螺旋桨可分为应用于船舶的水下螺旋桨和用于飞机的空气螺旋桨。为了使螺旋桨桨叶各个位置能在升阻比较大的有利迎角工作，提高效率，获得较大的拉力和较小的阻力矩，所有桨叶在结构上有一个扭转的角度，即桨叶角。螺旋桨工作时，桨叶各点的线速度随半径变化，在接近桨尖，线速度远大于桨根的线速度。如果整个桨叶都是同样的迎角，在桨尖上产生的升力大于桨根处，为了保证整个桨叶的气动力矩分布均匀和提升效率，应减小桨尖处的桨叶角，增大桨根处对应的桨叶角，这些原因综合起来就造成了螺旋桨的桨叶角从桨尖到桨根应按一定规律逐渐加大，所以说螺旋桨是一个扭转了的机翼更为确切（图 4-17）。

图 4-17 直升机旋翼主轴上复杂的变距机构

旋翼是旋转的机翼。产生升力的原理和固定翼飞机的机翼一样，只是整体非常细长，沿半径方向几乎没有发生迎角变化，也就是说旋翼几乎是不扭转的，即使有也很小，不像螺旋桨那样明显。旋翼的旋转平面上产生的空气动力，一方面克服直升机重力，一方面通过周期变距，实现了直升机前飞、倒飞、侧飞等控制，具备了固定翼飞机操纵舵面的功能。一般而言，螺旋桨仅仅是通过旋转产生空气动力实现某一方向的运动，它的旋转平面几乎不倾斜，而旋翼则会小范围的倾斜。早先，在无人机领域我们看到大部分的固定翼飞机都使用螺旋桨，而直升机则安装旋翼，目前在民用消费级多轴无人机上出现的情况是用多个电机带动多个螺旋桨的构型。多轴飞行器也属于直升机的构型，在人类早期研究直升机时，很多都采用了多轴多螺旋桨的构型，当时的人们认为这种构型最为对称，应该最好控制，结果实践发现，并不能如人所愿，相反单一旋翼加尾桨的构型逐渐成为直升机的主流。直到现在微机电、微电子技术、集成电路大规模发展，利用计算机进行增稳控制才实现了多轴多桨的直升机构型。

其次，螺旋桨可以固定桨距使用（图4-18）。也可以采用可调桨距使用以适用不同的发动机转速，发动机意外停车时能够顺桨，飞机降落时可以反桨，但是其旋转平面不会发生变化；旋翼除了变桨距的功能（没有顺桨功能），还有周期变距功能。另外，为了适应尺寸巨大的桨叶的柔性变化以及消除科氏力的影响，除去变距铰外，还设计有挥舞铰和摆振铰。由于旋翼还牵涉到姿态的控制，所以还设计有自动倾斜器，通过自动倾斜器实现了旋翼旋转锥面的前倾、后倒与左右的偏斜。一般单旋翼加尾桨布局、共轴双旋翼，串列双旋翼，横列双旋翼，交叉双旋翼都是直升机的主流布局，都采用的是旋翼。大于等于三轴的直升机都是采用了螺旋桨，是利用全部螺旋桨旋转产生升力，而不同轴的螺旋桨的转速不同实现了姿态控制。由于螺旋桨相对尺寸较小，有利于小功率的动力装置带动。加减速特性相应也更好，更有利于飞行控制，有利于整体缩小飞行器尺寸。使用螺旋桨能明显降低整个飞行平台的运行机械部件数量降低故障率，我们现在常见的消费级电动多轴无人机几乎可动部件就是电机了，其余的全部是电缆或者导线束相连，将运行机构减到最低，大大降低了故障发生概率。

再次，自转旋翼机和直升机都是旋翼类航空器，虽然也有类似直升机一样的旋翼，但是这个旋翼却有着明显的不同：

第一，旋翼一般是固定桨距的，不存在周期变距操纵。

第二，旋翼是被动旋转，除了在地面起飞前的主旋翼预旋功能之外，其他时间所有的旋翼旋转都是被气流吹动导致的风车效应产生升力，这样的被动旋转就使得自转旋翼机的旋翼旋转时所产生的反扭矩很小，自转旋翼机也就不需要尾桨或者反转的旋翼来抵消反扭矩，只需要垂直安定面和方向舵就完全可以抵消微小的反扭矩了。但是，自转旋翼机必须和固定翼飞机一样连续不断地前进才能获得相对气流使旋翼产生风车效应，因此可以看出自转旋翼机不能和直升机一样在某个地点上空稳定悬停。

第三，自转旋翼机的旋翼由于是被相对气流吹动旋转，所以它的旋转平面在飞行时主要是向后倾倒（图4-19）。虽然桨盘旋转轴可以实现前后左右的倾倒，但却并不是为了像直升机那样实现前飞、倒飞和侧向飞行。而是和固定翼飞机的副翼很像，是为了略微压坡度实现侧倾，它的向前倾倒不是为了让飞行器前飞，而是为了降低旋翼升力，使旋翼机下降高度。自转旋翼机的前飞就是由发动机带动螺旋桨实现推进或者拉进的。

第四，自转旋翼机的旋翼是利用风车效应产生升力的。这是非常安全的一种升力产生办法，即使发动机停车，自转旋翼机也能轻松着陆。虽然直升机也可以利用风车效应让主动旋转的旋翼变成通过风车效应被动旋转而产生升力，这也是直升机驾驶员必须掌握的一项应急操纵技能—直升机的自旋着陆。但是从主动旋转产生升力到风车自转产生升力有一个过渡区，这需要一定的时间和空间来转换，因此直升机一旦发动机失效，必须利用一定高度以及水平飞行速度来让旋翼尽快达到风车自转状态。如果是直升机发生发动机失效的情况正好是低空低速的时候对于直升机就很危险了，此时直升机可能还没有穿越过渡区，就已经接地坠毁了。

一般而言，直升机发动机失效后的自转着陆过程是这样的：一开始直升机的飞行员要把主旋翼的总距都会放到最小，利用飞行高度换取飞行速度，尽快让旋翼从正常的动力飞行阶段通过过渡区转入风车自转阶段，旋翼产生风车效应从而获取升力能够保持住机体姿态；接下来就是高速下滑的过程，飞行员要寻找好迫降场地；到了最后的接地阶段是要看准时机迅速提起总距并向后带周期变距操纵杆，前者是让整个旋翼平面获得更大的升力减缓垂直接地速度，后者是旋翼平面向后倾倒，用升力的后向分量减缓机体的前行速度，最终实现在迫降场的安全着陆。

图 4-18　多轴无人机

图 4-19　飞行中的旋翼机，我们能看出
它的旋翼旋转平面是向后倾斜的

而自转旋翼机的旋翼一直就是在风车自转状态飞行，因此，即使发动机停车也丝毫不影响其安全的飞行，不论是正常起降操控还是发动机停车后的迫降都很容易，操作方法也区别不大。对于自转旋翼机而言，完全没有直升机在发动机失效后的哪些操作动作或者阶段，唯一让飞行员考虑的就是选择好迫降场地然后执行正常的着陆动作就可以了。自转旋翼机因为其安全的飞行方式以及相对低廉的制造成本，使其越来越受到航空爱好者的欢迎。只是在无人机领域，以自转旋翼机为飞行平台的无人机还不是很多。

4.1.3　轻于空气的航空器构型的飞行平台系统

航空器整体密度小于空气的，能够通过排开空气获得浮力升空的飞行平台就是轻于空气的航空器。从人类飞行历史上看，轻于空气的航空器出现远远早于飞机，可以追溯到1783年11月，蒙哥尔费兄弟首次实现了热气球的载人飞行，当然无人验证的热气球是在当年6月实现飞行的。1852年法国工程师亨利·吉法尔发明了飞艇，轻于空气的气球和飞艇比飞机早出现了120年和51年，是最早应用于战争的航空器。它们的优势是可以垂直升降，无动力飞行或者悬停，长时间留空，低噪声或者无噪声，绿色环保，具备很大的载荷运输能力。

现在轻于空气的气球和飞艇，特别是飞艇因为环保，对能源依赖少，具备许多飞机或者直升机所无法比拟的优点。现在越来越受到军事和民用领域的青睐（图 4-20），越来越多地应用于空中监视、战术战略运输、通信中继、反潜巡逻、空中预警和电子战，而且在民用领域不仅仅广泛应用于运输，还可以在环境巡查检测、遥感通信、交通指挥、旅游观光、地质勘探、电力石油、执法巡逻和广告宣传等领域。气球是没有动力的,受风和环境的影响大,不好控制方向,因此,气球往往多用于体育比赛、旅游观光、气象探测和科学实验,而不论是载人领域还是无人机范围,获得更广泛应用的都是相对容易控制的飞艇。

按照艇囊结构的不同,飞艇分为软式、半硬式和硬式三种。在无人机领域主要是前两种飞行平台应用较多,其飞行平台的结构主要是飞艇艇囊、副气囊、吊舱、悬挂系统、操纵舵面、动力推进系统、艇首结构、起落架。

艇囊也称为气囊,是飞艇产生浮力的浮力源,是最能反映飞艇外形结构的主体结构。主要要求是外形流线、减小空气阻力、提高飞艇操纵性能,能承受飞行中的静载荷、动载荷、动力装置所产生的推力/拉力/升降控制力以及操纵舵面的姿态控制力。现代的飞艇艇囊基本都有织物、薄膜夹层以及密封涂料制成,一般都呈现椭圆形或者橄榄形。

图 4-20　中航工业特飞所研制的金雕系列飞艇

副气囊是用于平衡飞艇艇囊产生的浮力的。一般放在艇囊的内部,数量随飞艇大小而不同,副气囊与艇囊的空气互相隔绝,副气囊可以充满空气或者放空空气用来减小或者增加艇囊的浮力。副气囊中的气体比艇囊中的气体要重,一般为了增加飞艇的稳定性,副气囊都被安排在飞艇下部。副气囊的充气和放气决定了飞艇主艇囊浮力的大小,控制飞艇的上升和下降。副气囊也可以辅助地对飞艇的俯仰进行控制,从原理上副气囊容积的大小决定了飞艇的实际升限。一般而言,副气囊的容积大约是艇囊整体容积的四分之一为佳。

吊舱也称为吊篮,是安装或者放置飞艇载荷的主要部件。顾名思义,这个载荷舱主要是通过悬吊的方式固定于飞艇艇囊的下方。从使用和维护的方便性讲,最好把各个系统放在一起,也就是集中安排在吊篮中。但是,这样会让载荷过于汇聚,对于软式飞艇容易造成艇囊变形。因此必要的时候会采用多点吊舱的布局。

将吊舱固定于飞艇艇囊上的设备集合就是吊舱支持(悬挂)系统。主要分为内悬链线系统和外悬链线系统。内悬链线系统是由应力分散织物帘与上蒙皮连接的一系列缆索组成,而外悬链线系统则被广泛分布在艇囊外表大面积的加强补片上,这些悬链线系统可以让吊舱的拆装更加方便快捷,减少了飞艇着陆时的冲击载荷向艇囊传递。当然,也有飞艇不通过悬链线系统来安装吊舱,而是直接通过加强补片连接在艇囊上面。

飞艇的操纵舵面一般安装在艇囊的尾部(图4-21)。是负责操纵和稳定飞艇飞行的气动操作舵面，一般是由固定的安定面和其后缘可动的舵面组成。几乎不采用飞机中经常看到的全动舵面，布局构型一般分为 Y 形，十字形和 X 形（图 4-22）。操作舵面的尺寸一般是相应位置安定面面积的四分之一。操纵系统的设计重点是有效操纵，保证刚度，避免颤振或者结构共振。

图 4-21　这艘飞艇的后面就是安　　　　图 4-22　飞艇后部的安定面，这艘
　　　　　定面加控制舵面的设计　　　　　　　　　　飞艇使用的仅仅是安定面

飞艇和飞机、直升机不同，它的停放不仅仅依赖起落架，更要依靠位于艇首的系留结构（图 4-23）。通过艇首的系留结构可以让飞艇在地面停放时链接在系留塔上，整个飞艇围绕系留塔水平 360°自由旋转。而且在飞行中艇首的刚性结构还可以抵抗飞行中的空气阻力。艇首结构一般是类似自行车的辐条或者雨伞的骨架，自艇首沿着艇囊对称辐射，纵向延伸，圆周均布，这样可以让艇囊更加稳定地支撑艇首结构传来的气压和纵向冲击载荷。一般而言艇首结构占到整个艇长的 8%，大小为整个飞艇直径的 10% ～ 15%。飞艇在地面系留的时候，可能会由于风的影响导致艇首与系留塔快速接近或者扯离的情况，因此艇首结构必须要有足够的强度，以防止撞击时被刺穿，也防止撤离时与艇囊之间分离撕裂，而且艇首还能装载为平衡飞艇而附加的压舱物或其他附属物等。

飞艇的起落架和飞机直升机的也不一样，由于停放时是艇首和系留塔的系留为主，水平面内自由旋转，因此飞艇的起落架更多的不是为了停留的支撑，而是为了保证飞艇艇身和地面的安全距离以及艇身在水平面内自由旋转时减少摩擦使用。一般都是只有一个起落架，因为不论是飞机还是直升机，飞行到着陆是从空气动力支撑整机重量变化到完全由起落架和地面支撑整机重量。而飞艇因为一直处于飘飞的状态，即使距离地面很近或者是着陆状态，仍然是浮力支撑了整个飞艇的重量，所以飞艇的起落架更多的是起到一个防止和地面碰撞的缓冲器功能而不是支撑整体重量的功能。飞艇的起落架因为大部分只有一个，形成了独轮车结构，因此它的位置安排首先是有助于保持飞艇的水平姿态，其次就是尽可能安装在整个飞艇重心的正下方，而且由于飞艇停放时会随风在水平面内自由旋转，因此飞艇的起落架一般都是自由旋转，并未设计刹车系统。自由旋转的起落架不仅仅应对着陆系留，因为飞艇起飞时是迎风起飞，因此能自由偏转的起落架对于帮助飞艇寻找合适的起飞方向也更加有利。

飞艇的推进系统是为飞艇飞行时提供飞行控制力的装置。因为飞艇本身是依靠浮力在空中飞行的，因此动力推进系统可以让飞行中的飞艇水平前进、倒退、转向和升降，动力推进系统区分了飞艇和气球，气球是自由飘浮飞行，飞艇是受约束的可控飞行。

飞艇的动力推进系统包含能源分系统，动力分系统和控制分系统。载人飞艇 一般都用内燃机作动力，无人飞艇以电动机居多。能源分系统就有燃油和电力两个大类，现在太阳能也在飞艇上有所尝试，但目前电池依然是主要的电力来源，动力系统就是内燃机、电动机以及空气推进器—螺旋桨，控制分系统主要包含发动机的工作状态控制、指示以及推／拉力方向控制。

早先的飞艇只能向前推／拉进，现在由于出现了更多可靠的姿态控制方法，动力上引入了矢量控制，更好地增加了飞艇飞行的灵活性。为了安全起见也把螺旋桨用涵道包裹起来，涵道可以旋转，从而实现了水平飞行和垂直升降的辅助控制，可以实现前飞和倒退，原地转向等。当然大型的飞艇上动力推进系统不仅仅提供了飞艇姿态控制能力，也可以为飞艇提供电力、吊舱加温空气等二次能源，这些部附件一般都整合安装在飞艇吊舱上（图4-24）。

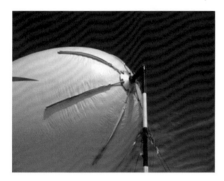 

图4-23　金雕无人飞艇的艇首结构　　　　图4-24　无人飞艇的吊舱一般就直接集成了动力装置

4.2　无人机的任务载荷系统概述

无人机的任务载荷系统决定了无人机的具体用途。无人机的任务载荷主要可以分为光电载荷、无线电载荷、机电载荷和武器火控载荷四大类。光电载荷主要是由可见光、红外、紫外等全光谱感知探测设备以及人造激光设备组成，主要执行拍摄、感知、指示等工作。无线电载荷主要是通过收发解算各种频段的电磁波来进行信息的传递、指令的发送、无线电信号的监视、检测、模拟或者干扰。机电载荷主要是各类机电设备，用于执行或者辅助执行具体的某项工作，比如航拍航摄的云台系统、大气采样环境监测设备、农林植保播撒设备等。武器火控设备主要是军用无人机执行军事任务所携带的各类武器弹药、武器管理和火力管控设备。

现代的无人机所携带的设备都是以上四大类或者其组合。由此我们将无人机划分出了靶机、无人电子干扰机、察打一体的攻击型无人机、反恐处突的巡逻无人机、空中通信中继无人机、实施大地测绘以及空中拍摄的无人机、探矿和反潜无人机、环境检测以及科研无人机、农林植保机等多种分类。下面，我们来逐一进行介绍这些任务载荷系统。

4.2.1　光电载荷

光电载荷主要是依靠接受、探测以及发射自然以及人工所产生的全频段光谱来实现侦察、拍照、感知、测量和指示等功能。包含了可见光范围的各种摄影摄像传感器、红外范围的探头、紫外范围的感受器，激光发生器和感受器（图4-25），还有些高级光电载荷总成直接即成了云台系统。

可见光、红外、紫外传感器的功能分别是可见光、红外、和紫外光区的光电成像，将选定目标的入射光子转换成对应像元的电子输出，最终形成目标物的可见光、红外热辐射和紫外图像。紫外光电感受器主要应用于在外太空飞行的无人航天器，用来探测星体和跟踪航天器或者导弹的发射以及飞行，随着技术的进一步发展越来越多的紫外光感受器就会出现在无人机领域。

图 4-25   无人机上使用的光电载荷

激光是人类继原子能、半导体和计算机之后又一个伟大的发明。这是人类自己制造出来的光，定向性极好，能量衰减少。利用激光发生器和感受器可以实现目标探测、信号传递、数据测算、目标指示甚至是直接打击目标等功能。现在越来越多的无人机光电载荷里都有激光测距或者定向功能。

4.2.2　无线电载荷

无线电载荷是无人机通过无线电进行远程控制以及数据传递的各种设备的总称。无线电载荷主要由雷达、卫星通信天线、数据传输电台（图 4-26），图像传输电台、遥控设备的定向增程天线和收发机、电子战载荷等组成。

图 4-26   数据传输电台

雷达（英文简称 Radar 的音译，全称 radio detection and ranging，中文翻译是无线电探测和测距），是利用电磁波探测目标的设备。雷达发射的电磁波可以覆盖目标并接收返回的波束，通过解算获得目标位置、距离、方位、高度等信息。由于光电载荷容易受到大气环境以及昼夜的影响，而无线电波束的穿透力更好，探测距离远，可以实现全天候的侦察感知，针对的情况不一样也有不同类型的雷达可供选择，而且通过数据分析可以在屏幕上形成不同类型直观图像或者信息。

雷达的出现极大地方便了人们的工作，雷达包含雷达天线，雷达波收发组件，需要占用较大的空间以及对载重量有更高的要求，因此主要在军用无人机以及高空长航时无人机上应用；民用无人机或者消费级无人机应用较少。

卫星通信数据链路是通过人造地球卫星来实现地面和无人机的联络，数据的传输。卫星通信的实现大大拓展了无人机的运行范围，让早先视距传输条件下的控制变成了全球几乎实时的控制，也让无人机特别是军用无人机实现了全球范围的部署和应用。通过地球同步轨道的卫星作为中继通信手段是目前主流的卫星通信方法，但卫星通信需要尺寸较大的天线。因此在军用以及大型无人机上，机身正上方隆起的鼓包就是卫星通信天线的容纳舱。

4.2.3　机电载荷

机电载荷是指让无人机能完成特定任务的机械电气机构或者设备。典型的设备如农林植保无人机的药液喷洒机构，该套机构包含程序控制单元，药液储箱，增压泵，分配岐管，喷洒头以及传感器等；此类任务载荷同样的还有应急医疗无人机所携带的除颤器以及医疗分系统的电源、航拍航摄的云台系统、大气采样环境监测设备、磁异常探测器等。

4.3　无人机的地面站以及支持设备

20年来，无人机已发展成集侦察、攻击于一体，而未来的无人机还将具有全自主完成远程打击甚至空空作战任务的攻击能力。同时，与无人机发展相匹配的地面控制站（Ground Control Station，GCS）将具有包括任务规划，数字地图，卫星数据链，图像处理能力在内的集控制、瞄准、通信、处理于一体的综合能力。未来地面站的功能将更为强大：不仅能控制同一型号的无人机群，还能控制不同型号无人机的联合机群；地面站系统具有开放性和兼容性，即不必进行现有系统的重新设计和更换就可以在地面控制站中通过增加新的功能模块实现功能扩展；相同的硬件和软件模块可用于不同的地面站。当然无人机的地面支持设备还包含全系统能源支持单元、电缆架设设施，各种通信天线以及运输车辆等。在本节中主要介绍地面站，其他的相对简单，只要满足使用要求直接选择货架产品就可以了，本节不再赘述。

图 4-27　美国的军用无人机的地面站

地面站作为整个无人机系统的作战指挥中心，其控制内容包括：飞行器的飞行过程，飞行航迹，有效载荷的任务功能，通信链路的正常工作，以及飞行器的发射和回收。GCS 除了完成基本的飞行与任务控制功能外，同时也要求能够灵活地克服各种未知的自然与人为因素的不利影响，适应各种复杂的环境，保证全系统整体功能的成功实现。未来的地面站系统还应实现与远距离的更高一级的指挥中心联网通信，及时有效地传输数据，接收指令，在网络化的现代作战环境中发挥独特作用（图 4-27）。

4.3.1 无人机地面站

一个典型的地面站由一个或多个操作控制分站组成，主要实现对飞行器的控制、任务控制、载荷操作、载荷数据分析和系统维护等（图 4-28）。

(1) 系统控制站：在线监视系统的具体参数，包括飞行期间飞行器的健康状况、显示飞行数据和告警信息。

(2) 飞行器操作控制站：它提供良好的人机界面来控制无人机飞行，其组成包括命令控制台、飞行参数显示、无人机轨道显示和一个可选的载荷视频显示。

(3) 任务载荷控制站：用于控制无人机所携带的传感器，它由一个或几个视频监视仪和视频记录仪组成。

(4) 数据分发系统：用于分析和解释从无人机获得的图像。

(5) 数据链路地面终端：包括发送上行链路信号的天线和发射机，捕获下行链路信号的天线和接收机。数据链应用于不同的 UAV 系统，实现给飞行器发送命令和有效载荷控制并且接收来自飞行器的状态信息及有效载荷数据的功能。

(6) 中央处理单元：包括一台或多台计算机，主要功能是获得并处理从无人机平台下行数据传来的实时飞行数据、开展电子地图处理、数据分发、飞行分析、系统诊断、显示处理、确认各项任务规划并将操作指令并通过上行链路上传给无人机平台。

图 4-28 便携式地面控制站的划分

4.3.2 地面站的典型功能

GCS 也可以被称为任务规划与控制站。任务规划主要是指在飞行过程中无人机的飞行航迹受到任务规划的影响；控制是指在飞行过程中对整个无人机系统的各个系统进行控制，按照操作者的要求执行相应的动作。地面站系统应具有以下几个典型的功能：

（1）飞行器的姿态控制

在各机载传感器获得相应的飞行器飞行状态信息后，通过数据链路将这些数据以预定义的格式传输到地面站。在地面站由 GCS 计算机处理这些信息，根据控制律解算出控制要求，形成控制指令和控制参数，再通过数据链路将控制指令和控制参数传输到无人机上的飞控计算机，通过后者实现对飞行器的操控。

（2）有效载荷数据的显示和有效载荷的控制

有效载荷是无人机任务的执行单元。地面控制站根据任务要求实现对有效载荷的控制，并通过对有效载荷状态的显示来实现对任务执行情况的监管。

（3）任务规划、飞行器位置监控、及航线的地图显示

任务规划主要包括处理战术信息、研究任务区域地图、标定飞行路线及向操作员提供规划数据等。飞行器位置监控及航线的地图显示部分主要便于操作人员实时地监控飞行器和航迹的状态。

（4）导航和目标定位

导航和目标定位可确保无人机在执行任务过程中通过无线数据链路与地面控制站之间保持着联系。在遇到特殊情况时，需要地面控制站对其实现导航控制，使飞机按照安全的路线飞行。随着空间技术的发展，传统的惯性导航结合先进的 GPS 导航技术成为了无人机系统导航的主流导航技术。目标定位是指飞行器发送给地面的方位角，高度及距离数据需要附加时间标注，以便这些量可与正确的飞行器瞬时位置数据相结合来实现目标位置的最精确计算。为了精确确定目标的位置，必须通过导航技术掌握飞行器的位置，同时还要确定飞行器至目标的角度和距离，因此目标定位技术和飞行器导航技术之间有着非常紧密的联系。

（5）与其他子系统的通信链路

通信链路用于指挥、控制和分发无人机收集的信息。随着计算机和网络技术的发展，现行的通信链路主要借助局域网来进行数据的共享，这样与其他组织的通信不单纯的是在任务结束以后，更重要的是在任务执行期间，通过相关专业的人员对共享数据进行多层次的分析，及时地提出反馈意见，再由现场指挥人员根据这些意见，对预先规划的任务立即做出修改，从而能充分利用很多资源，从战场全局对完成任务提供有力的支持和合理的建议，使得地面站当前的工作更加有效。

4.3.3 关键技术及典型解决方案

4.3.3.1 友好的人机界面

为更好地控制无人机，地面控制站采用了各种形式的 GCS，以便对无人机的飞行状态和任务设备进行监控。GCS 为操作员提供一个友好的人机界面，帮助操作员完成监视无人机状态、任务载荷及通信设备的工作，方便操作员规划任务航路、控制无人机、任务载荷及通信设备，无人机地面站的人机界面设计原则：

（1）一致性：提示、菜单和帮助应使用相同的术语，其颜色、布局、大小写、字体等应当自始至终保持一致。

（2）允许熟练用户使用快捷键。

（3）提供有价值的反馈。

（4）设计说明对话框以生成结束信息：操作序列划分成组，每组操作结束后都应有反馈信息。

（5）可以返回清除错误的操作步骤或者给予操作建议提示以减轻用户的焦虑，鼓励用户大胆尝试不熟悉的选项和操作。

（6）支持内部控制点：某些有经验的用户可以控制系统，并根据操作获得适当与正确的反馈。

（7）减少记忆项目：由于人凭借短时记忆进行信息处理存在局限性，所以要求显示简单。

4.3.3.2 操作员的培训

当代无人机操控回路的主导者仍然是人，为此人机完善交互是 UAV 有效执行任务的重要环节，操控者必须能在紧急时刻快速、正确地发出操控指令；稍误，则丧失战机或引发事故，因此，操控人员的素质与技能水平培训也是一个关键问题。UAV 操控人员的培训无法像有人军机那样通过飞行训练和实弹演习完成，而需要依靠一系列仿真技术来实现，其中重点要研究解决的仿真技术项目有：

（1）虚拟座舱及操控设备：重点要解决的是虚拟现实环境的构成、系统建模仿真技术和数字传输的快捷、准确、可靠和畅通。操控人员使用类似有人驾驶飞机的同种仪表设备（包括按钮、手柄、开关等）和软件，以体验同样的感观效果。

（2）人为仿真故障和误差的设置、建模与注入技术。

（3）创立实时逼真飞行动画技术、全息显示技术。

（4）人‐机权限与功能分配，任务规划和任务管理方法研究与训练。

（5）实时评价技术包括对飞行性能、导航定位、飞行品质、作战效果以及电磁信号等确定明确 的评估标准。操控人员要熟练掌握，做到判断正确，操控实时、准确。

4.3.3.3 一站多机的控制

地面站目前正向一站多机的方向发展，即一个地面站系统控制多架，甚至是多种无人机。未来无人机地面站将朝着高性能、低成本、通用性方向发展，所以一站多机是发展趋势，这也对地面站的显示和控制提出了更严格的要求。

4.3.3.4 开放性、互用性与公共性

（1）开放性指的是不必对现有系统进行重新设计和研制就可以在地面控制站中增加新的功能模块。这种开放性的定义和要求使得模块化的设计和实现方法成为地面控制站设计和实现的最佳途径。各模块间的功能具有一定的独立性而组合在一起，又能实现整个系统的功能。这种设计思路不仅可通过增加新的模块来扩展功能，也可以根据任务的不同对模块进行实时的添加或者屏蔽。

（2）互用性指的是地面控制站能控制任何一种不同的飞行器和任务载荷，并且能够接入连接外部世界的任何一种通信网络。互用性现在已经成为各国发展无人机系统的一个重要思考点。随着网络中心战思想的提出，无人机群的任务必须配合并融入整体作战任务之中，互用性的思想正是对这一发展趋势的指导。

（3）公共性指的是某个地面控制站与其他的地面站使用相同或部分相同的硬件或软件模块。提出公共性的目的在一定程度上也是为了实现地面站的资源通用，便于维护修复。地面站作为整个无人机系统中最隐蔽的子系统，是很少受到破坏的，但是，一旦受到破坏，整个无人机系统可能陷于瘫痪，所以公用性的提出可以提高整个无人机系统的维修性和保障性，从而更加合理地利用已有的地面站资源。

上述三个概念并非相互独立。在多数情况下，它们是从不同角度，以不同的方式对同一对象进行描述。开放性的结构通过容纳新的软件和硬件使得互用性和公共性得以提高。作为无人机系统的神经中枢，地面控制站要全力地建立开放性、互用性和公共性。

4.3.4　地面站对技术的需求

4.3.4.1 高性能的数据总线

随着无人机技术的不断发展，无人机航空电子系统与地面站系统之间的通信量越来越大，这就要求地面站系统的无线通信、任务处理、图像处理能力不断增强，因而采用高带宽、低延迟的总线网络实现各部分之间的互连成为必然趋势。从目前的发展来看，只有传输速度达到或者超过1000Mb（1Gbps）级别的互连总线网络才能满足未来地面控制站发展对总线的需求。鉴于光纤通道（FC）具有高带宽、低延迟、低误码率、灵活的拓扑结构和服务类型、支持多种上层协议和底层传输介质以及具有流控制功能，因此可采用光纤通道来实现其需求。

4.3.4.2 可靠的数据链

发展安全、可跨地平线、抗干扰的宽带数据链是无人机的关键技术之一。近年来，射频和激光数据链技术的发展为其奠定了基础。除了带宽要增加外，数据链也要求可用和可靠。数据链的可用是指一特定星群的覆盖区域和范围。可靠是指信号的健壮性。对于不可避免的电子干扰，数据链需要采用复杂的信号处理和抗干扰技术（如扩频、调频技术）等，并能够确保在数据链失效的情况下，飞机能安全返回基地。

4.3.5　无人机地面站发展的趋势

无人机地面站技术具有以下发展趋势：

（1）发展通用地面站。最大限度地使用通用的机载设备，避免重复研制，实现地面控制系统的标准化。当前，如何将同一领域不同应用方向的无人机综合到一个统一的系统中，确保各情报侦察系统间能毫无障碍地传输图像和数据，确定一套通用的图像存储与传输的协议，以解决各层次无人机之间的地面站和数据的接口标准问题，是世界各国都在努力研究的方向。

（2）重视一站多机的地面站的设计，包括硬件结构及友好的人机界面。这种地面站的设计可同时操控多架无人机、使用较少的操作员操纵更多的无人机，这样既提高了操作效率，也减少了人力成本。

（3）发展可靠的、干扰小的、宽带宽的数据链路，提高数据传输效率。其涉及的关键技术有：数据链路的抗截获、抗干扰的编码、加密、变频、跳频、扩频与解扩技术和图像压缩与传输解压以及高速信号处理技术等。

（4）发展人工智能决策技术。该技术涉及无人机的自主程度问题，尤其是针对无人战斗机。

这需要一些智能的、基于规则的任务管理软件来驱动安置在无人机上的综合传感器，保证通信连接，完成无人机与操纵人员的交互，使无人机不仅能按命令或预编程来完成预定任务、对已知的目标做出反应，还能对随机出现的目标做出相应反应。

（5）发展无人机操控的安全、告警与防错技术。

（6）发展无人机通信中继。地面站与无人机之间的中继用以提高作战半径和地面控制站的安全性。关键技术包括超视距中继转发与传输、多通道大容量实时信息中继复合传输、军民共享卫星链路和中继载体与无人机协调等技术。

第5章 靠天吃饭——无人机运行自然环境概述

因为本文讲述的无人机是利用飞行平台执行指定任务的，因此它的载具平台的安全运行非常依赖天气因素，气象知识也是无人机爱好者或者无人机专业的技术人员必须掌握的基础知识，通过本章的介绍，也能让大家对于我们身边实际的天气情况有个了解。

5.1 大气成分

大气是包围着地球的空气层，并且依附在地球的表面。它和海洋或者陆地同样是地球的一个重大组成部分。然而，大气不同于陆地和水，因为它是气体的混合物。它有质量和不确定的形状。

空气和其他任何流体一样，它可以流动，当受到瞬间的压力而由于缺少强的分子凝聚力，它会改变它的形状。例如，气体可以完全充满它所处的任何容器，膨胀或者收缩来改变它的形状为容器的形状。

大气由 78% 的氮气，21% 的氧气和 1% 的其他气体如氩气或者氦气组成。大部分氧气包含在 35000ft(1ft=0.3048m) 高度以下。

大气中，除水汽、液体和固体杂质以外的整个混合气体，称为干洁空气，干洁大气主要成分是氮气、氧气、氩气和二氧化碳，约占大气总体积的 99.97%，除此之外还有少量的氢、氖、氦、氙、臭氧等。剩下的就是水汽、尘埃以及其他颗粒。

氮气是大气中最多的气体，按体积分约占大气总体积的 78%，按质量分，占到大气总质量的 75.52%。

氧气是大气中仅次于氮气的气体，按体积分占到了 21%，按质量分占到了 23.15%。

氩气是惰性气体，按体积分占到了 0.934%，按质量分占到了 1.28%。

二氧化碳我们很熟悉，这是为大气提供保温功能的重要气体，温室效应也和它有关系，实际上按它的体积才只占到大气总体积的 0.033%，质量仅仅是大气总质量的 0.05%。

水汽来自江、河、湖、海及潮湿物体表面的水分蒸发和植物的蒸腾。空气中的水汽含量随高度的增加而减少，1.5～2km 高度上，空气中的水汽含量已减少为地面的一半。

5.2 大气分布及特点

大气按热力学性质在垂直方向上分为5层：对流层、平流层、中间层、热层、散逸层（图5-1）。大部分天气现象发生在对流层内，而且无人机飞行的主要范围就是在对流层内，因此我们主要介绍对流层的相关知识。

5.2.1 对流层

对流层受地面的影响最大，地面附近的空气受热上升，而位于上面的冷空气下沉，这样就发生了对流运动，所以把这层叫作对流层。因为集中了整个大气 3/4 的质量和几乎全部的水汽，通过对流和湍流运动，云、雾、雨雪等主要大气现象都出现在此层，对流层的下界是地面，它的上界因纬度和季节而不同，热带较厚，寒带较薄；夏季较厚，冬季较薄。赤道地区对流层厚度可达 16 ～ 18km，中纬度地区为 10 ～ 12km，两极地区为 7 ～ 8km。对流层有三个主要特征：

（1）气温随高度增加而降低。平均而言，高度每增加 100m，气温则下降约 0.65℃，这称为气温垂直递减率，也叫气温垂直梯度。

（2）有强烈的垂直对流运动和不规则的乱流运动。

（3）气象要素水平分布不均匀，状态变化迅速。

在对流层的最下层称为摩擦层，其范围一般是自地面到 1 ～ 2km 高度，这层空气由于和地面接触摩擦造成的流动状态和其他层空气明显不同而得名，摩擦层以上的大气层称为自由大气。在自由大气中，地球表面的摩擦作用可以忽略不计。在对流层的最上层，介于对流层和平流层之间，还有一个厚度为数百米到 1 ～ 2km 的过渡层，称为对流层顶。

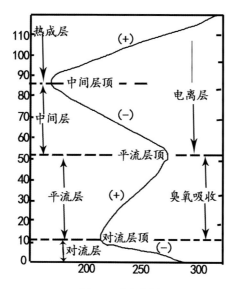

图 5-1　大气分层

5.2.2　平流层

自对流层顶到 50 ～ 55km 左右称为平流层，其特点是：

（1）下半部分温度随高度增加变化不大（因此也称为同温层），而上半部分温度随高度增加得以迅速增高，造成显著的逆温层。这一现象的主要原因是此处含有大量的臭氧，臭氧直接吸收太阳辐射升温造成。

（2）平流层内气流比较平稳，空气的垂直混合作用显著减弱。

（3）平流层中水汽和尘埃含量极少，大多数时间天空是晴朗的，大气透明度好。

5.2.3　中间层

自平流层顶到 85km 左右为中间层。气温随高度增加而迅速下降，并有相当强烈的垂直对流运动。造成这一现象的原因是由于这一层中几乎没有臭氧，太阳光几乎直穿而过没有能量被吸收，中间层的顶部部温度降低到 -83℃ ～ -113℃。由于下热上冷，对流强烈，也被称为上对流层或者高空对流层，但是由于空气稀薄，所以所产生的能量远低于地表的对流层。

5.2.4　热层

热层又称热成层或暖层，它位于中间层顶以上，上界到达距离海平面约 800km，这一层空气只占大气总质量的 0.5%，但温度很高，300km 高度上就能达到 1000℃的高温，其特点如下：

（1）气温随高度的增加而迅速增高。

（2）在热层中空气处于高度电离状态，其电离的程度是不均匀的。长波通信就是依靠电离状态的气体进行反射传递的。

5.2.5　散逸层

散逸层是大气距离地面最远的一层，最高可达 3000km，又称外层，这一层中气温随高度增加很少变化，这里的空气分子也不断地向外太空逃逸，此处的空气密度大大降低，是地球和外太空的分界，只是这个分界并不是很明显，甚至在 22000km 之外仍然能观测到包裹地球电离的气体。

5.3　大气气象要素

5.3.1　气温

气温是表示大气冷热程度的物理量称作气温，空气冷热的程度，实质上是空气分子平均动能的表现，单位是℃（摄氏温标）或者℉（华氏温标）或者 K（绝对温标）。当空气获得热量时，其分子运动的平均速度增大，平均动能增加，气温也就升高。气温变化对人们生活与生产有重要影响，它的高低直接决定一些天气现象的生消，例如最低气温与霜冻、辐射雾的形成，以及最高气温与雷雨、冰雹的形成都有密切关系。

气温的变化如果是由于空气与外界有热量交换，称为气温的非绝热变化。如果空气和外界没有热量交换称为气温的绝热变化。大气的垂直运动过程可看作绝热运动，水平运动则可以看作是非绝热运动。将升、降气块内部既没有发生水相变化，又没有与外界交换热量的过程称作干绝热过程，干绝热过程中气块温度的变化唯一的决定于气压的变化。干绝热直减率大约为 1℃ /100m，而因为大气中含有水分，因此实际气温直减率平均为 0.65℃ /100m，气温直减率可大于，小于，等于干绝热直减率。

饱和湿空气在上升过程中，与外界没有热量交换，该过程成为湿绝热过程，湿绝热直减率是气压和温度的函数。某一层是否稳定，实际上就是某一运动的气块比周围空气是轻是重的问题。比周围空气重，则下降，比周围空气轻，则上升。空气的轻重，决定于气压和气温。在气压相同的时候，轻重的问题就是气温的问题。如果一团空气上升时，变得比周围空气冷一些，就重一些，那这一气层就是稳定的，反之就是不稳定的。

单位时间内个别空气质点温度的变化称作空气温度的个别变化，某一固定地点的空气温度随时间的变化称作空气温度的局地变化。由于空气的移动所造成的某地温度的变化称为温度的平流变化。

影响空气温度局地变化的三个因素：平流运动、铅直运动、非绝热热量交换。暖空气向冷空气流动称为暖平流，冷空气向暖空气流动称为冷平流。温度梯度越大，在温度梯度方向上的风速分量越大，冷、暖平流越强。近地层气温的日变化特征：一日内有一个最高值，一般出现在 14 时，一个最低值，出现在日出前后。地面温度的高低并不直接决定于地面上当时吸收的太阳辐射的多少，而是决定于地面储存热量的多少。

一天气温的最高值和最低值之差称为气温日较差。气温日较差与纬度、季节、下垫面的性质、地形、天气状况有关。正午太阳高度角随纬度的增加而减少，所以气温的日较差随纬度增加而减少。实际气温日较差最大的副热带。热带 12℃、温带 8～9℃、极圈 3～4℃；一般夏季气温日较差大于冬季，一年中气温日较差最大值出现在初夏最小在冬季。日较差凸出地形小于平原、平原小于凹地。陆地上气温日较差大于海洋，而且距海愈远，日较差愈大；有植被的地区，气温日较差小于裸地。一年中月平均气温的最高值与最低值之差称为气温年较差。气温年较差与纬度、地表性质、地形、天气情况有关。纬度越高，年较差越大。 其余特点与日较差一样。气温的日变化由地球自转引起的太阳高度角变化造成的，气温的年变化是由地球的公转引起的气温周期性变化。

5.3.2　气压

气压指大气的压强，它是从观测点到大气上界单位面积上垂直空气柱的质量，随着高度的增加，施加在测量点单位面积上的空气柱就越来越短，质量也越来越低，所以气压就会随着高度的增加而减少，马德堡半球实验证明了大气压力的存在。

一个地方的气压值变化的根本原因是其上空大气柱中空气质量的增加或减少。大气柱质量的增减是大气柱厚度和密度改变的反映。气柱增厚，密度增大则空气质量增多，气压升高。气压随高度递减的快慢取决于空气密度和重力加速度的变化。一般重力加速度变化很小，故仅取决于空气密度。在水平方向温度是影响单位气压高度差的主要因素。在垂直方向，气压是影响单位气压高度差的主要因素。气压随着高度的增加按指数规律递减。空气柱质量的变化主要由热力和动力因子引起。

一般来说，往往气压较高的地区是晴好天气，而气压较低的地区往往是阴雨天气，高气压和低气压是相对的，不是指当地气压的实测绝对值。如果某地区的气压比周围地区的气压高，就叫作高气压地区，而某地区的气压比周围地区的气压低，该地就叫作低气压地区。

在同一水平面上，如果气压分布不均匀，空气就要从高气压地区向低气压地区流动，因此某地区的气压高，该地区的空气就在水平方向上向周围地区流出，当地表的空气流出后，高气压地区上方的空气就要下降。由于大气压随高度的减小而增大，所以高处空气下降时，它所受到的压强增大，它的体积减小，气温就会升高，空气中水汽就蒸发消散。所以，高气压中心地区不利于云雨的形成，常常是晴天。反过来，如果某地区的气压低，周围地区的空气就在水平方向上向该地区流入，结果使该地区的空气上升，上升的空气体积因所受的压强减小而膨胀，气体温度降低，空气中的水汽就容易凝结，所以，低气压中心地区常常是阴雨天。

空气运动分为 3 种情况：

（1）水平气流的辐合和辐散；

（2）不同密度气团的移动；

（3）空气的垂直运动。

热力因子是气压周期性变化的原因，动力因子是气压非周期性运动的原因。辐合、冷平流造成气压升高，辐散、暖平流造成气压下降。

地面气压的日变化有单峰、双峰、三峰型式。双峰最为普遍特点是一天有一个最高值、一个次高值和一个最低值。09～10时最高值，15～16时最低值，21～22时次高值。03～04时次低值。陆地的日变化大于海洋，夏季大于冬季，山谷大于平原。纬度越高，日较差越小。气压年变化与纬度、空气下垫面性质（海洋、陆地、冰盖）海拔高度有关，大陆上气压最高值出现在冬季，最低值在夏季，由低纬向高纬增大。海洋上最高值出现在夏季，最低值在冬季。高山最高值在夏季，最低值在冬季。

标准海平面气压是大气处于标准状态下的海平面气压，其值为 1013.25hPa 或 760mmHg。海平面气压是经常变化的，而标准海平面气压是一个常数。

由于飞机飞行时经常会采用气压式高度表测量飞机的飞行高度，因此，气压测量的准确与否直接关系到测得的飞行高度的准确性。

气压式高度表是飞机的主要航行仪表，它是一个高度灵敏的空盒气压表，但刻度盘上标注的是高度。高度表刻度盘是标准大气压条件下按气压随高度的变化规律而确定的（见表 5-2 "国际标准大气" 表），即气压式高度表所测量的是气压，根据标准大气中气压与高度的关系，就可以表示出高度的高低。

如图 5-2 所示的高度表有三根指针，分别表示数字的万、千、百读数（单位为英尺）。高度表右侧有一个小窗，里面数字 29.9 叫作高度表拨正值，主要的作用就是在不同的大气条件下，通过左下侧的旋钮把相应的海平面气压修正到标准大气条件下。这样，飞机在机场地面时，高度表应当显示机场海拔高度（场高）。高度表拨正值应当按照由空中交通管制席位的要求或航图要求及时调整，图 5-2 高度表显示的当前高度为 10180ft。

飞机飞行时测量高度还可采用无线电高度表，无线电高度表所测量的是飞机相对于所飞越地区地表的垂直距离，无线电高度表能不断地指示飞机相对于所飞越地表的高度，并对地形的变化非常敏感，这既是它的优点，也是它的缺点。如果在地形多变的地区上空飞行，飞行员试图按无线电高度表保持规定的飞行高度，飞机航迹将随地形起伏。而且，如果在云上或有限能见度条件下飞行，将无法判断飞行高度的这种变化是由于飞行条件受破坏造成的，还是由于地形影响引起的。这样就使无线电高度表的使用受到限制，因而它主要用于校正仪表和在复杂气象条件下着陆使用。如图 5-3 所示为飞机上用的无线电高度表。

图 5-2 气压式高度表

图 5-3 无线电高度表

5.3.3　空气湿度

空气湿度是用来度量空气中水汽含量多少或者空气干燥潮湿程度的物理量。湿度常用相对湿度来表示。

相对湿度是指空气中的实际水汽压与同温度下的饱和水汽压的百分比。相对湿度的大小直接反映了空气距离水汽饱和状态的程度。空气完全干燥时，相对湿度为零，当相对湿度接近100% 时，表示空气很潮湿，越接近于饱和状态。

当空气中水汽含量不变且气压一定时，气温降低到使空气达到水汽饱和时的温度，称为露点温度，简称露点。露点的单位是温度（K 或℃），常用表示，但是其数值只与湿空气的含水量有关，而与温度无关。

气象工作中，经常用温度和露点之差（即）来判断空气的饱和程度，也即相对湿度的大小。当＞ 0 时，表示空气未饱和；当 =0 时，空气达饱和；当＜ 0 时为过饱和。相差的值愈大，说明空气的相对湿度愈小；反之，则相对湿度愈大。

空气的湿度和露点对飞机飞行中的积冰有很大影响。飞机的积冰一般发生在云中温度露点差Δ＜7℃的范围内，以 0 ～ 5℃发生积冰最多；强积冰多发生在温度露点差为 0 ～ 4℃的范围内。

5.3.4　风

风是由空气流动形成的一种自然现象。风是一个矢量，有风向与风速之分。

风向是指风的来向，一般用 16 个方位或度数来表示，如图 5-4 所示。以度数表示时，由北起按顺时针方向度量，如北风为 0°，东风为 90°，南风为 180°，西风为 270°。

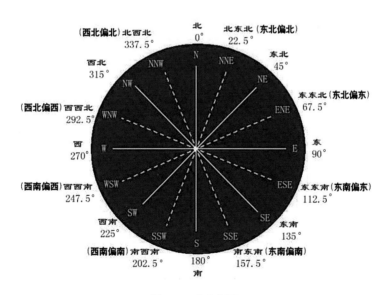

图 5-4 风向方位图

风速是空气在单位时间内移动的水平距离，以米 / 秒（m/s）为单位。大气中水平风速一般为 1 ～ 10 m/s，台风、龙卷风有时达到 102 m/s。表 3 所示为风力等级表。

表3　风力等级表

风级和符号	名称	风速（米/秒）	陆地物象	水面物象	浪高（米）
0	无风	0.0-0.2	烟直上，感觉没风	平静	0
1	软风	0.3-1.5	烟示风向，风向标不转动	微波峰无飞沫	0.1
2	轻风	1.6-3.3	感觉有风，树叶有一点响声	小波峰未破碎	0.2
3	微风	3.4-5.4	树叶树枝摇摆，旌旗展开	小波峰顶破裂	0.6
4	和风	5.5-7.9	吹起尘土、纸张、灰尘、沙粒	小浪白沫波峰	1
5	轻劲风	8.0-10.7	小树摇摆，湖面泛小波，阻力极大	中浪折沫峰群	2
6	强风	10.8-13.8	树枝摇动，电线有声，举伞困难	大浪到个飞沫	3
7	疾风	13.9-17.1	步行困难，大树摇动，气球吹起或破裂	破峰白沫成条	4
8	大风	17.2-20.7	折毁树枝，前行感觉阻力很大，可能伞飞走	浪长高有浪花	5.5
9	烈风	20.8-24.4	屋顶受损，瓦片吹飞，树枝折断	浪峰倒卷	7
10	狂风	24.5-28.4	拔起树木，摧毁房屋	海浪翻滚咆哮	9
11	暴风	28.5-32.6	损毁普遍，房屋吹走，有可能出现"沙尘暴"	波峰全呈飞沫	11.5
12	台风或飓风	32.7-36.9	陆上极少，造成巨大灾害，房屋吹走	海浪滔天	14

5.4　大气特性

5.4.1　大气的状态参数和状态方程

大气的状态参数是指它的压强 p、温度 T 和密度 ρ 这三个参数。对一定数量的气体，压强 p、温度 T 和密度 ρ 这三个参数就可以决定它的状态。它们之间的关系，可以用气体状态方程表示，即

$$pM = \rho RT \qquad (5-1)$$

式中，T 为大气的绝对温度（单位 K），R 为大气气体常数，其值为 287.05 J/kg·K，M 为摩尔质量。

大气的状态参数是随飞行高度的变化而变化的，它们不仅对作用在飞机上的空气动力的大小有影响，而且还对飞机喷气发动机产生的推力大小也有很大的影响。

一般来说，气温越高、气压越低、空气密度越小，则机翼产生的升力越小，起飞滑跑的距离越长。例如，空气密度减小 10%，滑跑距离要延长 20%；如果某飞机在 0℃时起飞滑跑距离是 1500m，而在气温 30℃时就需要滑跑 2000m。

大气密度对飞机飞行性能的影响也很大，当大气密度大于标准大气密度时，飞机飞行时产生的空气动力会增加，发动机产生的推力也会增大，因此，会使飞机的飞行性能变好，飞机的起飞和着陆距离也会缩短。当大气密度低于标准大气密度时，情况正好相反。因此在进行起降操作时应充分考虑到大气的状态参数对飞行的影响。

大气物理状态是随其所在地理位置、季节和高度而变化的。为了准确描述飞机的飞行性能，就必须建立一个统一的标准，即标准大气。目前我国采用的是国际标准大气，它是由国际性组织（如国际民用航空组织、国际标准化组织）颁布的一种"模式大气"。它依据实测资料，用简化方程近似地表示大气温度、密度和压强等参数的平均铅垂分布，并排列成表，形成国际标

准大气表，如表 4 所示。应当注意，各地的实际大气参数与国际标准大气之间是存在差别的。国际标准大气所得的数据与地球北纬 36°～60°（主要是欧洲）地区的平均数值相近，与我国的情况有一定的差距。

国际标准大气有如下规定：大气被看成完全气体，服从气体的状态方程。在海平面上，大气的标准状态为：气温为 15℃，压强为一个标准大气压，密度为 225 kg/m³，声速为 341 m/s。根据这些规定，通过理论计算，即可以确定不同高度的大气物理状态参数。

表 4 "国际标准大气"表（部分数据）

高度（m）	压力（Pa）	气温（K）	空气相对密度	空气密度（kg/m³）	声速（m/s）
−1000	113937	294.50	1.0992	1.3465	345
0	101325	288.15	1.0000	1.2250	341
1000	89876	281.65	0.9073	1.1117	337
2000	79501	275.15	0.8215	1.0066	333
3000	70121	268.66	0.7420	0.9092	329
4000	61660	262.17	0.6685	0.8194	325
5000	54048	255.68	0.6007	0.7364	321
6000	47217	249.19	0.5383	0.6601	317
7000	41105	242.70	0.4810	0.5900	313
8000	35651	236.22	0.4284	0.5258	309
9000	30800	229.73	0.3804	0.4671	304
10000	26499	223.25	0.3366	0.4135	300
11000	22699	216.77	0.2968	0.3648	296
12000	19339	216.65	0.2535	0.3119	296
13000	16579	216.65	0.2165	0.2666	296
14000	14170	216.65	0.1849	0.2279	296
15000	12111	216.65	0.1579	0.1948	296
16000	10352	216.65	0.1349	0.1665	296
17000	8849.7	216.65	0.1153	0.1423	296
18000	7565.2	216.65	0.0984	0.1217	296
19000	6467.4	216.65	0.0841	0.1040	296
20000	5529.3	216.65	0.0720	0.0889	296
21000	4728.9	217.58	0.0614	0.0757	296
22000	4047.5	218.57	0.0523	0.0645	296
23000	3466.8	219.57	0.0447	0.0550	297
24000	2971.7	220.56	0.0382	0.0469	298
25000	2549.2	221.55	0.0326	0.0401	299
26000	2188.3	222.54	0.0275	0.0343	299
27000	1879.9	223.54	0.0233	0.0293	300
28000	1616.1	224.53	0.0198	0.0251	301
29000	1390.4	225.52	0.0168	0.0215	301
30000	1197.0	226.51	0.0144	0.0184	302

5.4.2　大气的连续性

大气是由大量分子组成的，在标准大气状态下，每 $1mm^3$ 的空间里含有 $2.7×10^{16}$ 个分子，每个分子都有自己的位置、速度和能量。在气体中，分子之间的联系十分微弱，以致于它们的形状仅仅取决于盛装容器的形状（充满该容器），而没有自己固有的外形。当飞行器在这种空气介质中运动时，由于飞行器的外形尺寸远远大于气体分子的自由行程（一个空气分子经一次碰撞后到下一次碰撞前平均走过的距离），故在研究飞行器和大气之间的相对运动时，气体分子之间的距离完全可以忽略不计，即可把气体看成是连续的介质。这就是在空气动力学研究中常说的连续性假设。

5.4.3　黏性

大气的黏性，主要是由于气体分子作不规则运动的结果，是空气在流动过程中表现出的一种物理性质。当大气层与层之间的流动速度不同时，相邻大气层之间的分子就会相互侵入，并产生相互牵扯的作用力，这种力就是大气的黏性力，也叫作大气的内摩擦力，即大气相邻流动层与层之间出现滑动时产生的摩擦力。

大气流过物体时产生的摩擦阻力是与大气的黏性有关系的。由于空气的黏性很小，物体在空气中低速运动时其摩擦力很小，黏性的作用也不明显。但当飞机在大气中飞行速度较大时，黏性的作用就不得不考虑。尤其是当飞机的飞行速度达到 3 倍声速以上时，由于摩擦力的作用，空气将对飞行器产生严重的气动加热，导致飞行器结构的温度急剧上升，因此，必须得采用相应的防热和隔热措施。图 5-5 所示为飞机高速飞行时产生的气动加热现象。

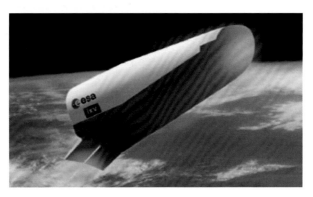

图 5-5　飞机高速飞行时的气动加热现象

5.4.4　可压缩性

气体的可压缩性是指当气体的压强改变时其密度和体积改变的性质。不同状态的物质可压缩性也不同。液体对这种变化的反应很小，因此一般认为液体是不可压缩的；而气体对这种变化的反应很大，所以一般来讲气体是可压缩的物质。

当大气流过飞行器表面时，由于飞行器对大气的压缩作用，大气压强会发生变化，密度也会随之发生变化。当气流的速度较小时（一般速度小于 $100m/s$），压强的变化量较小，其密度的变化也很小，因此，在研究大气低速流动的有关问题时，可以不考虑大气可压缩性的影响。但当大气流动的速度较高时，由于可压缩性的影响，使得大气以超声速流过飞行器表面时与低速流过飞行器表面时有很大的差别，比如，在超声速飞行时由于飞行器对大气的强烈压缩就会在飞行器上产生激波，使飞机的飞行阻力急剧增加（如图 5-6 所示），此时就必须要考虑大气的可压缩性。

图 5-6 飞机高速飞行时产生的激波

空气的可压缩性与空气的密度和施加于空气的压力有关。空气的密度越大，则空气越难压缩；施加于空气的压力越大，则空气被压缩的程度也越大。由于空气的密度与声速有某种对应关系，密度大声速也大，密度小声速也小。因此，空气密度可以用声速来衡量。而施加于空气的压力与在空气中运动的物体速度有关，运动速度越大，则施加给空气的压力就越大；速度越小，则施加给空气的压力就越小。

5.4.5 马赫数

在衡量空气的被压缩程度时，可以用物体的运动速度和声速的比值来表示，这个比值称为马赫数（Mach Number），通常以 M_a 来表示，即

$$M_a = \frac{v}{a} \tag{5-2}$$

式中的 v 表示在一定高度上，飞行器的飞行速度，a 则表示该处的声速。

显然，飞行器飞行速度越大，M_a 就越大，飞行器前面的空气就压缩得越厉害。因此，M_a 的大小可作为判断空气受到压缩程度的指标。

根据 M_a 的大小，可以把飞行器的飞行速度划分为如下区域，它们的对应关系如表 5 所示。

表 5 飞行马赫数和飞行速度范围的对应关系

马赫数大小	飞行速度范围
$Ma \leq 0.4$	低速飞行
$0.4 < Ma \leq 0.85$	亚声速飞行
$0.85 < Ma \leq 1.3$	跨声速飞行
$1.3 < Ma \leq 5.0$	超声速飞行
$Ma \geq 5.0$	高超声速飞行

5.5 影响飞行的因素

　　直接影响无人机操作和飞行安全的航空气象因素大致可归纳为风、云、降水、浓雾及其他由气象变化导致的严重影响飞行安全的天气现象，如飞机结冰、乱流、雷暴引发的下击暴流、低空风切变、浓雾引起的低能见度等。

　　下面介绍一下这些航空气象因素的特点及其对无人机操作和飞行安全造成的影响。

5.5.1 地面风

　　风是由太阳辐射热引起的。太阳光照射在地球表面上，使地表温度升高，地表的空气受热膨胀变轻而往上升。热空气上升后，低温的冷空气横向流入，上升的空气因逐渐冷却变重而降落。由于地表温度较高，因此，又会加热空气使之上升，这种空气的流动就产生了风。图 5-7 所示为由于城区和郊区温度不同而形成风的过程。

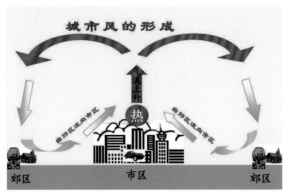

图 5-7 城市风的形成

　　形成风的直接原因，是水平气压梯度力。而气压的变化，有些是风暴引起的，有些是地表受热不均引起的，有些是在一定的水平区域上，大气分子被迫从气压相对较高的地带流向低气压地带引起的。风受大气环流、地形、水域等不同因素的综合影响，表现形式多种多样，如季风、地方性的海陆风、山谷风、焚风等。图 5-8 所示为由于白天和夜晚温度的不同形成的海陆风。

当有地面风时，飞行员和管制员可以根据地面风来选择跑道方向，同时飞行员也可根据地面风来计算飞机起飞时可承受的重量。风会影响飞机起飞和着陆时的滑跑距离和时间。

飞机一般都逆风起降，因为逆风能获得较大的升力和阻力，缩短滑跑距离，也可以增加飞机的载重，并增大飞机运动开始时的稳定性和操纵性。着陆时逆风便于修改航向，对准跑道，减少对地的冲击力。

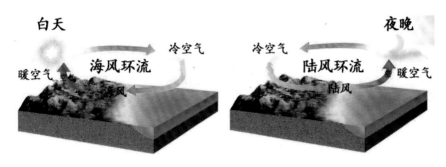

图 5-8　海陆风形成示意图

另一方面，飞机着陆时还需要考虑飞机允许的最大跑道侧风，当超过跑道侧风最大限制时，飞机降落就会有危险。风速的变化会影响飞机起降阶段的稳定性，一般而言，重型飞机受风的变化影响较小，可在较大侧风下起飞；轻型飞机受风的变化影响较大，如果起飞降落阶段碰到阵风时，应及时进行控制。图 5-9 为侧风着陆时导致的飞机危险着陆的情况。

图 5-9　飞机侧风着陆

5.5.2　高空风

高空风是指地面上空各高度的空气水平运动，空气水平运动的大小即为风速。在飞机飞行过程中，风速是影响飞机飞行速度和飞行时间的很重要的因素。例如，飞机在从甲地飞往乙地的过程中，若逆风飞行，其所花费的时间比在静风中飞行时的时间要长，因此需要携带更多的燃油，这样就要相对减少飞机载重。相反，若顺风飞行，则可节省飞行时间和燃油，即可增大飞机载重。

5.5.3 下击暴流

下击暴流是指在雷暴云天气形成的局部性强下沉气流，到达地面后会产生一股直线型大风，越接近地面风速会越大。下击暴流在接近地面时，空气向四方冲泻，当飞机起飞时进入下击暴流区，首先遭遇到下击暴流所带来的强大逆风，空气冲向机翼，飞机相对速度增加，使飞机快速爬升；当飞机随后继续通过下击暴流区正下方时，受下击暴流向下的冲击，飞机又急剧下降；最后飞机飞出下击暴流时又转变为强大的顺风，空速减弱，升力大幅度减少，因而造成飞机起飞时坠毁的惨剧。图 5-10 所示为飞机在下击暴流下的飞行轨迹。

下击暴流对飞机飞行影响很大，是飞机飞行极力避免的灾害性天气之一。下击暴流到达地面后产生的直线风向四面八方扩散时，会引起风场急速转变而产生风切变。

5.5.4 低空风切变

风切变是指风速矢量或其分量沿垂直方向或某一水平方向的变化。风切变反映了所研究的两点之间风速和风向的变化。在航空气象学中，低空风切变通常是指近地面 600m 高度以下的风切变。

低空风切变的形成需要一定的天气背景和环境条件。雷暴、积雨云、龙卷风等天气有较强的对流，能形成强烈的垂直风切变；强下击暴流到达地面后向四周扩散的阵风，也能形成强烈的水平风切变。

根据飞机的运动失量相对于风失量的不同情况，风切变可分为顺风切变、逆风切变、侧风切变和垂直风切变几种情况。低空风切变对飞机的起飞和着陆有很大的影响，严重时甚至可能引发事故。低空风切变对飞机起飞和着陆造成的主要影响有：改变飞机航迹、影响飞机稳定性和操作性、使飞机超越跑道降落，甚至造成飞机失速坠毁等。图 5-11 所示为飞机受风切变的影响改变航迹冲出跑道的过程。

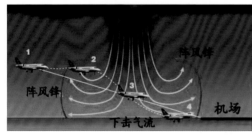

图 5-10 飞机在下击暴流下的飞行轨迹

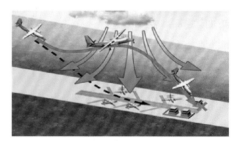

图 5-11 飞机受风切变的影响冲出跑道

（1）顺风切变：顺着飞机飞行方向顺风增大或逆风减小，以及飞机从逆风区进入无风或顺风区。顺风切变使飞机空速减小，升力下降，飞机下沉，是比较危险的一种低空风切变。此时的修正动作是加油门带杆使飞机增速，减小下降率，回到下滑线上后再稳杆收油门，重新建立下滑姿态。但如果顺风切变的高度很低，操作员来不及修正，将会造成大的偏差。

（2）逆风切变：顺着飞机飞行方向逆风增大或顺风减小，以及飞机从顺风区进入无风或逆风区。逆风切变使飞机空速增加，升力增加，飞机上升，其飞行危害比顺风切变轻些。此时的修正动作是收油门松杆，使飞机减速，增加下降率，回到下滑线上后再加油门带杆，使飞机重新建立下滑姿态。图 5-12 所示为顺风切变和逆风切变对飞行的影响。

（3）侧风切变：飞机从一种侧风或无侧风状态进入另一种明显不同的侧风状态。侧风切变可使飞机发生侧滑、滚转或偏航。此时，飞行员应根据飞机状态对飞机进行相应的操纵。

（4）垂直风切变：是指垂直于地表方向上的风速或风向随高度的剧烈变化，强烈的垂直风切变可造成桥梁楼房坍塌、飞机坠毁等恶性事故。当飞机在着陆过程中遇到升降气流时，飞机的升力会发生明显变化，从而使下降率发生变化。垂直风对飞机着陆危害巨大，飞机在雷暴云下进近着陆时常遇到严重的下降气流，对于这种情况，操作员能做的就是复飞，然后再寻找机会重新着陆。

5.5.5　云对飞行的影响

云是在飞行中经常碰到的会给飞行活动带来影响的一种气象条件。其主要影响是云中的过冷水滴会使飞机积冰；云中湍流会造成飞机颠簸，云的明暗不均容易使飞行员产生错觉，云中的雷电会损坏飞机，而且云底很低的云会影响飞机的起飞和降落等。

飞机在云中飞行遇到湍流产生颠簸时，会使飞机上下抛掷，左右摇晃，造成操纵困难，仪表不准。颠簸强烈时，即使飞行员全力操纵飞机，仍会暂时失去操纵，当颠簸特别严重时，产生的较大过载可能会造成飞机解体，严重危及飞行安全。

5.5.6　雷暴对飞行的影响

雷暴是一种极具危险性的天气现象。雷暴会产生对飞机危害很大的电闪雷击和冰雹袭击；雷暴产生的风切变和湍流会使飞机颠簸、性能降低，强降雨使飞机气动性能变差、发动机熄火。雷暴发生时，闪电还会对地面的导航和通信设备造成干扰与破坏。虽然现在飞机性能、机载设备、地面导航设施都越来越先进，但这只是为尽早发现雷暴、顺利避开雷暴提供了更有利的条件。到目前为止，还不能完全消除雷暴对飞行的影响。图 5-13 所示为在强雷暴天气降落时遭遇雷击而坠毁的飞机。

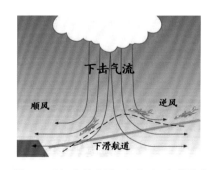

图 5-12　顺风切边和逆风切边对飞行的影响

图 5-13　遭遇雷击而坠毁的飞机

5.5.7　飞机结冰

飞机在含有过冷却水滴的云或雨中飞行时，如果飞机机体的表面温度低于 0℃，过冷却水滴撞在机体上就会立即冻结累积起来，这种现象叫作飞机结冰。飞机结冰程度主要取决于云层温度、液态水含量、水滴直径和云层范围（水平长度与垂直高度）几个气象参数。飞机结冰的温度一般发生在 0 ～ -20℃的范围内，尤其在 -2 ～ -10℃结冰的概率最高，如图 5-14 所示。

结冰对飞行性能会产生很大影响，严重时会导致坠机事故发生。主要体现在：机翼、尾翼前缘结冰会使翼型改变、升力降低，破坏操纵性能（如图 5-15 所示）；进气道前缘结冰则会导致进气不畅，影响发动机推力，如果冰层碎裂，冰块吸入发动机还可能打坏发动机（如图 5-16 所示）；螺旋桨桨叶结冰会造成螺旋桨转动失去平衡，产生振动和摆动现象；空速管或天线结冰会影响仪表的指示，甚至使无线电及雷达信号失灵；飞机操纵面、刹车及起落架结冰，会影响其正常操纵功能。

虽然现今飞机本身已有加温系统，可克服上述飞机结冰的问题，但是飞机仍然需要避开结冰区域以防止加温不及而瞬间结冰，造成危险。

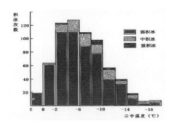  

图 5-14 飞机积冰与温度之间的关系　　　　图 5-15 飞机机翼结冰　　　　图 5-16 发动机进气道结冰

5.5.8　浓雾与低能见度对飞行的影响

浓雾降低了人类眼睛所能看到的距离，飞行员在低能见度情况下，起降时很难看清跑道，因此对起飞和着陆带来严重的影响。

恶劣的能见度严重威胁飞机起飞着陆的安全，也会给目视飞行造成困难。飞机着陆时，要靠目视跑道标志和跑道灯来定向和判断高度，如果能见度不高，目视有困难，起飞着陆就会有危险。尽管现代机场和飞机都装有先进的导航、着陆设备，但能见度对飞行的影响仍不能低估。

无人机飞行前要密切关注相关的气象数据，航空气象单位所提供的观测和预报数据，要满足无人机飞行的各个阶段（起飞、巡航、执行任务和降落）的需求。

第 6 章 遵章守纪——无人机运行法律环境概述

当然,无人飞行器的运行还存在一些问题,这些问题也影响着未来无人机技术的发展,比如,对于电脑个人操作系统,死机并不会对用户带来太多的损失,重启电脑即可。然而,如果多旋翼坠机,那么损失会很大,进而造成一系列影响。

首先是人身安全问题。虽然多旋翼飞行器正向轻量化方向发展,但在搭载了各种设备之后,其自身重量必然大幅增加,一旦失控坠落很可能造成地面人员受伤损伤。

其次是财产安全。无人机不同于航模,它搭载着各种精密昂贵的传感器设备,它们有的价值百万元甚至更高。面对如此精贵的"测绘装备",多旋翼的操控人员更需要过硬的技术和心理素质。

最后是道德和舆论风险。无人飞行器如果坠落时在人群密集区域,造成地面第三人和第三物的伤亡或者损毁、很可能引起媒体的大量报道,公共安全或隐私泄露等问题立刻凸显,会这无疑对无人机的发展形成较大阻力。

所以,必须制定相应的法律法规来约束无人机的设计、运行、维修和培训。总的来说,2009 年前,无人机处于无监管的空白状态。2009 年以后至今,开始进入持证飞行阶段。

6.1 国外无人机的法规

6.1.1 美国的相关法规

经历了长时间的等待,数次延期,2015 年 2 月 15 日,美国联邦航空管理局终于公布了期盼已久的无人机商转管理办法草案。这项新规打破了之前全面禁飞的局面,但是还有待最终定案。

这份规则主要适用于重量 25kg 以下的无人机,主要限定包括:

飞行时间,高速,速度,搭载限制:它限定无人机只能在白天飞行,且全程都必须保持在操作人员的视线范围内,飞行高度不得超过 150m,时速不得超过 160km。不得从人头顶上飞过,不得从无人机上扔东西,机体外侧不得搭挂包裹。

飞行路线地点限制:无人机都必须避开飞机飞行路线和飞行限制区,必须严格遵守相关临时限飞令。无人飞机应避开人驾驶的飞机机场至少 8km。无人飞机飞行时,应始终维持于无线电操作者视界以内。

驾驶员资格要求:无人机操作人员至少满 17 岁,需考取美国联邦航空局无人机操作人员资格证书,并且通过 TSA(美国运输安全管理局)的审查要求。

另外,关于爱好者的模型无人机,则仍然跟之前一样不受限制,只要不妨碍空中交通。

6.1.2 英国无人机政策

世界无人机法规领航者 CAP722 是英国民航局在英国领空内对无人机使用的指导准则,现在所有关于无人机的法规现在都收在空中导航法 2009 中,在那之前,CAP 722 是英国无人机行业的参考标准,并被全世界所模仿学习与实施。这份文件强调了在英国操作无人机前需要注意的适航性和操作标准方面的安全要求。最新版的 CAP722 发布于 2012 年 8 月，并且对民用无人机实施相当程度的开放政策。英国民航局是无人机法规领域的领航者。

6.1.3　欧盟的相关政策

欧洲法规 2008 第 216 号监管着所有整机重量超过 150kg 的无人机。无人机的设计和生产也必须和常规飞机一样遵循相关的认证规范（该规范由 EuroUSC 公司主导，该公司获得民航局的授权实施轻型无人机计划），并且必须获得适航认证或准飞许可。在英国，整机重量在 20kg 到 150kg 的无人机需要具有英国法律下的适航性资质。如果飞行器在半径 500m 和低于 400 英尺的范围或者在隔离的飞行区域内，并且无人机和该飞行有一定的适航性保证，英国民航局可以豁免适航性认证的需求。英国民航局也会在自己调查和被推荐的基础上颁发豁免权，当前仅有一家组织获得了此项许可。整机重量 20kg 以下的无人机并不需要遵从很多主要政策要求，但是领航法第 98 号文中设立了一些条件。这些条件包括禁止在管制区域或者飞机场附近飞行，除非获得空管局的许可，最大高度 400ft 和禁止在没有英国民航局特别许可的情况下高空作业。

虽然英国航空法中操控无人机并不需要认证飞行员执照．但是英国民航局要求所有潜在无人机操控者都掌握飞行资质。飞行资质可以通过完成指定课程获得，并有四家认证机构运营着培训与考试。

而对于军用和民用的市场占比，Teal Group 给出了民用市场更加乐观的判断（大约为年化复合增速为 9%，到 2023 年达到 15 亿美元，当然 Teal Group 在报告中特别提到了 Google、Facebook 和 Amazon 等高科技巨头给民用军用无人机产业带来的潜在的现在难以量化预判的颠覆性变化）。民用无人机市场在全球范围出现爆发性增长需要突破的两个瓶颈是空域资源和安全问题，一旦在世界范围内这两个问题得到解决，人类利用无人机征服空域的想象空间将被彻底打开，全球民用无人机市场可能呈现出爆发式的增长。

6.2　国内无人机法规的发展

中国政府也制定了无人机相关政策：经过多年的发展，目前，国内民用无人机已在应急救援、环境检测、电力巡线、航拍测绘、农业植保等多个领域得到广泛应用。在民用无人机迅猛发展的大背景下，无人机的安全问题也成为公众关注的焦点。国内曾经发生过无人机违规飞行对民航客机产生影响的事件，也曾经发生过无人机危机地面人员生命财产安全的事件，而美国也曾经发生过民用无人机与民航客机险些相撞的事件，这些都引起了公众的强烈关注。而另一方面，部分无人机生产商在设计过程中并没有考虑适航要求，这也使得无人机产品在安全上的考虑不足，造成了潜在的安全隐患。

面对这样的情况，民航局陆续颁布了一系列文件来规范管理无人机的审定与运营工作；工业与信息化部也开展了一系列针对无人机生产企业的准入条件的指定工作，来更好的维护公众利益，保障航空安全。

2000 年 7 月 24 日，国务院办公厅发布了中华人民共和国国务院、中华人民共和国中央军事委员会令第 288 号《中华人民共和国飞行基本规则》（民航局政策法规司于 2001 年 7 月 27 日发文，图 6-1）。

主题分类：行政法规
办文单位：政策法规司　　发文日期：2001-07-27
名称：中华人民共和国飞行基本规则
文号：国务院令第312号　　有效性：有效

中华人民共和国飞行基本规则

中国民航局：www.caac.gov.cn　字体：大 | 中 | 小　打印本页　分享到：

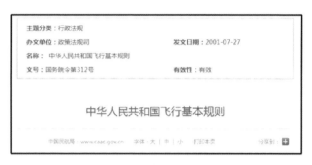

图 6-1　《中华人民共和国飞行基本规则》

根据 2001 年 7 月 27 日发布的《国务院、中央军委关于修改〈中华人民共和国飞行基本规则〉的决定》进行了第一次修订。又根据 2007 年 10 月 18 日发布《国务院、中央军委关于修改〈中华人民共和国飞行基本规则〉的决定》（图 6-2）进行了第二次修订。其中的第 27 条提到了关于放飞无人驾驶自由气球和系留气球必须经飞行管制部门同意。第 35 条，所有飞行必须预先提出申请，经批准后方可执行。这是中国的法规中出现了无人驾驶航空器内容。

2003 年 1 月 10 日，中国民航局发布了国务院、中央军委令第 371 号—《通用航空飞行管制条例》（图 6-3），提到了关于无人驾驶自由气球和系留气球必须遵守该条例。这是民航局的文件里首次出现了无人驾驶航空器内容。

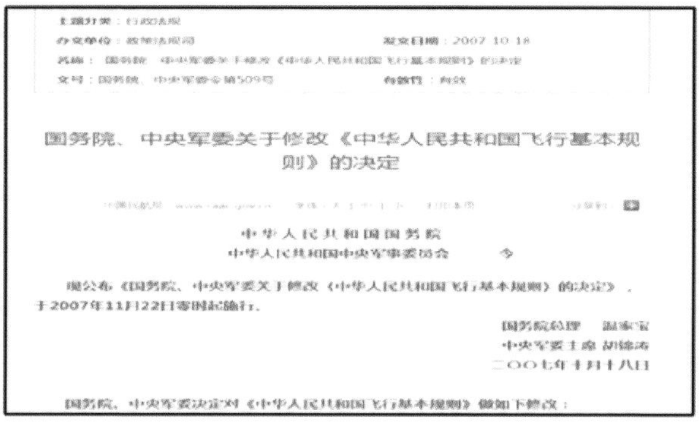
国务院、中央军委关于修改《中华人民共和国飞行基本规则》的决定

中华人民共和国国务院
中华人民共和国中央军事委员会　令

现公布《国务院、中央军委关于修改〈中华人民共和国飞行基本规则〉的决定》，自2007年11月22日起施行。

国务院总理　温家宝
中央军委主席　胡锦涛
二〇〇七年十月十八日

国务院、中央军委决定对《中华人民共和国飞行基本规则》做如下修改：

图 6-2　关于修改《中华人民共和国飞行基本规则》的决定

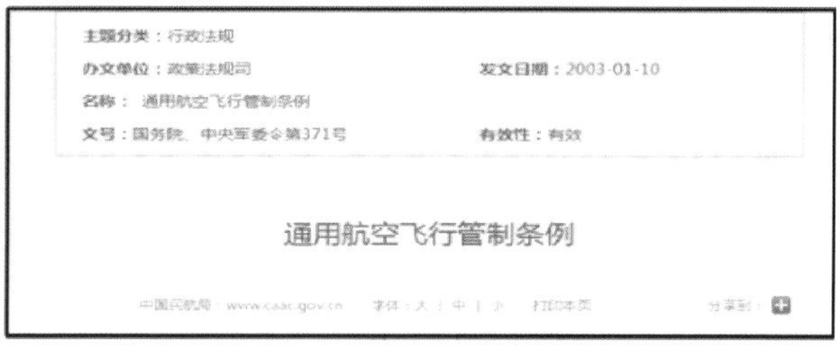
主题分类：行政法规
办文单位：政策法规司　　发文日期：2003-01-10
名称：通用航空飞行管制条例
文号：国务院、中央军委令第371号　　有效性：有效

通用航空飞行管制条例

中国民航局：www.caac.gov.cn　字体：大 | 中 | 小　打印本页　分享到：

图 6-3　《通用航空飞行管制条例》

严格说，在 2007 年前，我国民航局没有对无人驾驶飞行器制定明确的适航审定政策和适航要求／规章。

针对民用无人飞行器应用领域不断扩展、活动日益频繁的现状，民航局为了保障公众安全、规范无人机运行先后颁布了法规文件，分别如下：

2009 年 6 月 4 日，中国民用航空局航空器适航审定司发布《关于民用无人机管理有关问题的暂行规定》（ALD2009022），正式开始民用无人机的管理，该规定要求民用无人机申请人办理临时国籍登记证和 I 类特许飞行证；并要求结合实际机型特点，按照现行有效的规章和程序的适用部分对民用无人机进行评审。

2009 年 6 月 26 日，中国民用航空局空中交通管理局发布了《民用无人机空中交通管理办法》（MD-TM-2009-002），对民用无人机飞行活动进行了管理（图 6-4），规范了空中交通管理的办法，保证民用航空活动的安全，制定了民用无人机空中交通管理的有关规定。该文件作为我国现阶段民用无人机控制交通管理办法，对无人机的空域管理、空中交通管理、无线电频率和设备的使用等方面给出明确的要求。

图 6-4　《民用无人机空中交通管理办法》

2012 年 1 月 13 日，民航局适航审定司颁发了适航管理文件《民用无人机适航管理工作会议纪要》（ALD-UAV-01）。在上述管理政策下，2013 年 12 月，民航局适航司向潍坊天翔航空工业有限公司的 V750 型无人机颁发了特许飞行证，这是国内首架获得特许飞行证的旋翼类无人机。

2013 年 11 月 18 日，民航局颁布咨询通告《民用无人驾驶航空器系统驾驶员管理暂行规定》（AC-61-FS-2013-20），针对民用无人机及其系统的驾驶员实施指导性管理（图 6-5），目的是按照国际民航组织的标准建立我国完善的民用无人机驾驶员监管措施，明确提出了无人机微、轻、小、大的分类；无人机驾驶员与机长的训练时间限制，我国的无人机驾驶员也至此进入持证飞行阶段。

图 6-5　《民用无人驾驶航空器系统驾驶员管理暂行规定》

2014 年 4 月 29 日，民航局发布《关于民用无人驾驶航空器系统驾驶员资质管理有关问题的通知》民航发 2014【27】号文件（图 6-6），正式公布中国民用无人机的驾驶员的资质管理由中国航空器拥有者及驾驶员协会（AOPA）来执行。飞标司负责对 AOPA 的管理工作进行监督和审查。

图 6-6　《关于民用无人驾驶航空器系统驾驶员资质管理有关问题的通知》

中国航空器拥有者及驾驶员协会（Aircraft Owners and Pilots Association Of China, AOPA-China），简称：中国 AOPA。于 2004 年 8 月 17 日成立，是中国民用航空局主管的全国性的行业协会，也是国际航空器拥有者及驾驶员协会（IAOPA，国际航空器拥有者及驾驶员协会〈International Council of Aircraft Owner and Pilot Association, IAOPA〉是一个由 73 个主权国家所组成的非政府，非营利性的通航组织，全球共有超过 47 万的会员。）的国家会员，也是其在中国（包括台湾、香港、澳门）的唯一合法代表。中国航空器拥有者及驾驶员协会代表中国航空器拥有者及驾驶员利益，接受国际航空器拥有者及驾驶员协会的监督、指导及相关规章约束。

AOPA 是行业协会，国际上统称的非政府机构（又称 NGO），是一种民间性组织，不属于政府的管理机构系列，在政府与企业之间起到桥梁和纽带的作用。

2014 年 7 月 22 日，国家空管委办公室发布了《低空空域使用管理规定（试行）》（征求意见稿）该征求意见稿指出：在低空空域飞行的民用无人驾驶航空器和操作人员的审查、登记、管理，由民航局负责。无人驾驶航空器飞行计划按管制空域相关规定申请办理，通常不得与有人驾驶航空器在同一空域组织飞行。意见稿针对民用无人机的飞行计划如何申报？申报应具备哪些条件？以及在哪些空域里可以飞行？做了详细的规定，这意味着民用无人机飞行合法化向前迈进一步，对打开无人机市场有重要意义。

2015 年 12 月 29 日，中国民航局飞行标准司发布《轻小无人机运行规定（试行）》（AC-91-FS-2015-31，图 6-7)，在这部规定中，将无人机的分类增加到了 7 类，单独提出了植保无人机的分类，意图在于发展精准农业，降低农药残留，环保可持续发展。

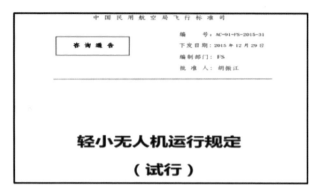

图 6-7 《轻小无人机运行规定（试行）》

2015 年 4 月 23 日，中国民航局再次发布《关于民用无人驾驶航空器系统驾驶员资质管理有关问题的通知》民航发 2015【34】号，继续将民用无人机驾驶员的资质管理授予 AOPA 管理（图 6-8）。时间范围是 2015 年 4 月 30 日至 2018 年 4 月 30 日，范围为视距内运行的空机重量大于 7kg 以及在隔离空域超视距运行的无人机驾驶员的资质管理。

图 6-8 《关于民用无人驾驶航空器系统驾驶员资质管理有关问题的通知》民航发 2015【34】号

2016 年 7 月 11 日，中国民航局飞行标准司发布《民用无人机驾驶员管理规定》（AC-61-FS-2016-20R1），在这部规定中（图 6-9），将无人机的分类增加到了 9 类，在 7 类的基础上把原来的小型和大型无人机增加了进去。

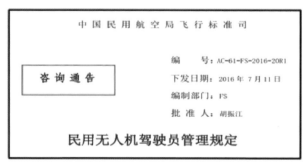

图 6-9 《民用无人机驾驶员管理规定》

2016 年 9 月 21 日，中国民航局空管行业管理办公室发布《民用无人驾驶航空器系统空中交通管理办法》（MD-TM-2016-004），本管理办法适用于依法在航路航线、进近（终端）和机场管制地带等民用航空使用空域范围内或者对以上空域内运行存在影响的民用无人驾驶航空器系统活动的空中交通管理工作，并明确指出民用无人驾驶航空器仅允许在隔离空域内飞行（图6-10）。

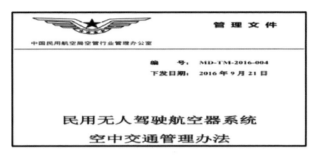

图 6-10 民用无人驾驶航空器系统空中交通管理办法》（MD-TM-2016-004）

2016 年 11 月 30 日，AOPA 发布了《民用无人机驾驶员合格审定规则（暂行）》，依据民航发［2015]34 号文件精神，AOPA 按照相关法律、法规及规范性文件负责管理视距内运行的空机重量大于 7kg 以及在隔离空域超视距运行的无人机驾驶员的人员资质。AOPA 为了在局方授权范围内规范民用无人机驾驶员的合格审定工作制定了该规则（图 6-11）。对驾驶员考试的课程、培训、飞行训练进行了详细地说明。由中国 AOPA 负责颁发驾驶员训练机构临时合格证，并对训练机构的申请条件、场地限制、课程设置、训练质量等相关内容进行了说明。

图 6-11 《民用无人机驾驶员合格审定规则（暂行）》

据国内媒体报道，《无人机空域管理规定》目前也正在征求意见，不久有望出台。《无人机空域管理规定》主要针对民用无人机，将包括无人机飞行计划如何申报，申报应具备哪些条件，以及在哪些空域里可以飞行等内容。

自 2012 年以来，工信部已经就无人机企业的准入问题，启动了《民用无人机研制单位基本条件及评价方法》的研究。此研究由中国航空综合技术研究所牵头，旨在通过对民用无人机研制单位基本条件进行评价，规范民机制造业市场竞争秩序，侧面引导行业基本资源与能力需求,引导资源配置、技术研究与管理水平的发展方向,促进国内民用无人机产业的健康快速发展。

在上述管理政策下,我国无人机逐渐进入良性发展的轨道,目前也已有多型无人机获得了特许飞行证。随着我国无人机适航管理的不断完善,无人机适航管理要求和技术标准将逐步健全,无人机的市场化运营在获得更多空域的同时也会得到更严格的监管,"黑飞"也将得到有力遏制,不具备适航能力的无人机也将被逐出民用市场,航空安全与公众利益将得到更好的保障。相信,在科学的管理下,我国无人机产业将进入安全、健康的发展轨道。

近年来,我国出现多起航模飞行导致第三方生命财产安全受到损害的情况,航模与无人机对公众的安全影响也越来越大。由于目前国家对无人机和航模界定不清,使得这两种飞行器该由谁来管、怎么管的问题日渐突出。按照业内的普遍观点,无人机和航模的主要区别在于:有无自主飞行系统;无人机有任务载荷,而航模主要用来训练、比赛、娱乐。我国航模主要由国家体育总局下属航空运动管理中心管理,但民航局暂未授权任何机构作为 7kg 以下的无人机的管理责任主体。目前,我国在无人机监管方面仍然有一段很长的道路要走,而 AOPA 作为协助政府行使职能的行业监管者,对我国无人机行业的发展有者不可替代的重要作用。路漫漫其修远兮,中国 AOPA 仍然在努力求索。

2016 年 11 月 30 日颁布了《民用无人机驾驶员合格审定规则(暂行)》,该规则于 12 月 1 日起正式生效。应该说就法规方面我国的无人机管理已经走在了世界的前列,管人,管物,管运行,到底由谁来管等领域都有明确的规定。

目前在各个《规则》《办法》和《规定》基本都把民用无人机分为以下几类,见表 6。

表 6 广义的无人机的划分

分类	空机重量 W(kg)	起飞全重 W(kg)
I	$0 < W \leqslant 1.5$	
II	$1.5 < W \leqslant 4$	$1.5 < W \leqslant 7$
III	$4 < W \leqslant 15$	$7 < W \leqslant 25$
IV	$15 < W \leqslant 116$	$25 < W \leqslant 150$
V	植保类无人机	
VI	无人飞艇	
VII	可 100m 之外超视距运行的 I、II 类无人机	
XI	$116 < W \leqslant 5700$	$150 < W \leqslant 5700$
XII	$W > 5700$	

注 1:实际运行中,I、II、III、IV、XI 类分类有交叉时,按照较高要求的一类分类。

注 2:对于串、并列运行或者编队运行的无人机,按照总重量分类。

注 3:地方政府(例如当地公安部门)对于 I、II 类无人机重量界限低于本表规定的,以地方政府的具体要求为准。

6.3　无人机相关的一些法规定义和要求

6.3.1　对于无人机及其相关系统的定义如下：

无人机是由控制站管理（包括远程操纵或自主飞行）的航空器，也称远程驾驶航空器。

无人机系统，也称远程驾驶航空器系统，是指由无人机、相关控制站、所需的指令与控制数据链路以及批准的型号设计规定的任何其他部件组成的系统。

无人机系统驾驶员，由运营人指派对无人机的运行负有必不可少责任并在飞行期间适时操纵无人机的人。

无人机系统的机长，是指在系统运行时间内负责整个无人机系统运行和安全的驾驶员。

无人机观测员，由运营人指定的训练有素的人员，通过目视观测无人机，协助无人机驾驶员安全实施飞行。

运营人，是指从事或拟从事航空器运营的个人、组织或者企业。

等级，是指填在合格证上或与合格证有关并成为合格证一部分的授权，说明关于此种合格证的特殊条件、权利或限制。

类别等级，指根据无人机产生气动力及不同运动状态依靠的不同部件或方式，将无人机进行划分并成为合格证一部分的授权，说明关于此种合格证的特殊条件、权利或限制。

级别等级，指依据民用无人机空机重量、起飞全重、使用特性等将其进行划分并成为合格证一部分的授权，说明关于此种合格证的特殊条件、权利或限制。

控制站（也称遥控站、地面站），无人机系统的组成部分，包括用于操纵无人机的设备。

指令与控制数据链路（Command and Control data 6 link, C2），是指无人机和控制站之间为飞行管理之间的数据链接。

感知与避让，是指看见、察觉或发现交通冲突或其他危险并采取适当行动的能力。

无人机感知与避让系统，是指无人机机载安装的一种设备，用以确保无人机与其他航空器保持一定的安全飞行间隔，相当于载人航空器的防撞系统。在融合空域中运行的XI、XII类无人机应安装此种系统。

视距内运行（Visual Line of Sight Operations, VLOS），无人机驾驶员或无人机观测员与无人机保持直接目视视觉接触的操作方式，航空器处于驾驶员或观测员目视视距内半径500m，相对高度低于120m的区域内。

超视距运行（Beyond VLOS, BVLOS），无人机在目视视距以外的运行。

扩展视距（Extended VLOS, EVLOS）运行，无人机在目视视距以外运行，但驾驶员或者观测员借助视觉延展装置操作无人机，属于超视距运行的一种。

融合空域，是指有其他航空器同时运行的空域。

隔离空域，是指专门分配给无人机系统运行的空域，通过限制其他航空器的进入以规避碰撞风险。

人口稠密区，是指城镇、村庄、繁忙道路或大型露天集会场所等区域。

重点地区，是指军事重地、核电站和行政中心等关乎国家安全的区域及周边，或地方政府临时划设的区域。

机场净空区，也称机场净空保护区域，是指为保护航空器起飞、飞行和降落安全，根据民用机场净空障碍物限制图要求划定的空间范围。

空机重量，是指不包含载荷和燃料的无人机重量，该重量包含燃料容器和电池等固体装置。

无人机云系统（简称无人机云），是指轻小型民用无人机运行动态数据库系统，用于向无人机用户提供航行服务、气象服务等，对民用无人机运行数据（包括运营信息、位置、高度和速度等）进行实时监测。接入系统的无人机应即时上传飞行数据，无人机云系统对侵入电子围栏的无人机具有报警功能。

电子围栏，是指为阻挡即将侵入特定区域的航空器，在相应电子地理范围中划出特定区域，并配合飞行控制系统、保障区域安全的软硬件系统。

主动反馈系统，是指运营人主动将航空器的运行信息发送给监视系统。

被动反馈系统，是指航空器被雷达、ADS-B 系统、北斗等手段从地面进行监视的系统，该反馈信息不经过运营人。

固定翼无人机，指动力驱动的重于空气的一种无人机，其飞行升力主要由给定飞行条件下保持不变的翼面产生。在本规则中作为类别等级中的一种。

无人直升机，是指一种重于空气的无人机，其飞行升力主要由在垂直轴上一个或多个动力驱动的旋翼产生，其运动状态改变的操纵一般通过改变旋翼桨叶角来实现。 在本规则中作为类别等级中的一种。

多旋翼无人机，是指一种重于空气的无人机，其飞行升力主要由三个及以上动力驱动的旋翼产生，其运动状态改变的操纵一般通过改变旋翼转速来实现。在本规则中作为类别等级中的一种。

垂直起降固定翼无人机（VTOL），是指一种重于空气的无人机，垂直起降时由直升机、多旋翼或直接推力等方式实现，水平飞行由固定翼或旋翼等方式实现，且垂直起降与水平飞行方式可在空中自由转换。在本规则中作为类别等级中的一种。

无人自转旋翼机， 是指一种无人旋翼机，其旋翼仅在起动或跃升时有动力驱动，在空中平飞时靠空气的作用力推动自由旋转。这种无人旋翼机的推进方式通常是使用独立于旋翼系统的推进式动力装置。在本规则中作为类别等级中的一种。

无人飞艇，是指一种由动力驱动能够操纵的轻于空气的无人航空器。

植保无人机，是指用于喷洒农药；喷洒用于作物养料、土壤处理、作物生命繁殖；虫害控制的任何其他物质或从事直接影响农业、园艺或森林保护的喷洒任务（但不包括撒播活的昆虫）的民用无人机。其驾驶员应当持有相应类别、级别的驾驶员合格证。

飞行经历时间，是指为符合民用无人机驾驶员的训练和飞行时间要求，操纵无人机或在模拟机上所获得的飞行时间，这些时间应当是作为操纵无人机系统必需成员的时间，或从授权教员处接受训练或作为授权教员提供教学的时间。

理论考试，是指航空知识理论方面的考试，该考试是颁发民用无人机驾驶员合格证所要求的，通过无人机管理办公室组织的计算机考试来实施。

实践考试，是指为取得民用无人机驾驶员合格证进行的操作方面的考试（包括实践飞行、综合问答、地面站操作），该考试通过申请人在飞行中演示操作动作及回答问题的方式进行。

授权教员，是指持有按本规则颁发的具有教员等级的驾驶员合格证，并依据其教员等级上规定的权利和限制执行教学的人员。

申请人，是指申请驾驶员合格证的自然人。

6.3.2　对无人机相关的一些要求

6.3.2.1 无人机系统驾驶员实施分类管理要求如下：

（1）下列情况下，无人机系统驾驶员自行负责，无须证照管理：

①在室内运行的无人机；

②Ⅰ、Ⅱ类无人机（如运行需要，驾驶员可在无人机云系统进行备案。备案内容应包括驾驶员真实身份信息、所使用的无人机型号，并通过在线法规测试）；

③在人烟稀少、空旷的非人口稠密区进行试验的无人机。

（2）下列情况下，无人机驾驶员由行业协会实施管理，局方飞行标准部门可以实施监督：

①在隔离空域内运行的除Ⅰ、Ⅱ类以外的无人机；

②在融合空域内运行的Ⅲ、Ⅳ、Ⅴ、Ⅵ、Ⅶ类无人机。

（3）在融合空域运行的Ⅺ、Ⅻ类无人机，其驾驶员由局方实施管理。

6.3.2.2 对实施无人机系统驾驶员管理的行业协会提出的要求条件如下：

正式注册 5 年以上的全国性行业协会，并具有行业相关性；

设立了专门的无人机管理机构；

建立了可发展完善的理论知识评估方法，可以测评人员的理论水平；

建立了可发展完善的安全操作技能评估方法，可以评估人员的操控、指挥和管理技能；

建立了驾驶员考试体系和标准化考试流程，可实现驾驶员训练、考试全流程电子化实时监测；

建立了驾驶员管理体系，可以统计和管理驾驶员在持证期间的运行和培训的飞行经历、违章处罚等记录；

已经在民航局备案。

6.3.2.3 对民用无人机运行的仪表、设备和标识的要求如下：

具有有效的空地 C2 链路；

地面站或操控设备具有显示无人机实时的位置、高度、速度等信息的仪器仪表；

用于记录、回放和分析飞行过程的飞行数据记录系统，且数据信息至少保存 3 个月（适用于Ⅲ、Ⅳ、Ⅵ和Ⅶ类）；

对于接入无人机云系统的用户，应当符合无人机云的接口规范；

对于未接入无人机云系统的用户，其无人机机身需有明确的标识，注明该无人机的型号、编号、所有者、联系方式等信息，以便出现坠机情况时能迅速查找到无人机所有者或操作者信息。

6.3.2.4 对无人机运的运营商提出要求如下：

设立了专门的组织机构；

建立了无人机云系统的质量管理体系和安全管理体系；

建立了民用无人机驾驶员、运营人数据库和无人机运行动态数据库，可以清晰管理和统计持证人员，监测运行情况；

已与相应的管制、机场部门建立联系，为其提供数据输入接口，并为用户提供空域申请信息服务；

建立与相关部门的数据分享机制，建立与其他无人机云提供商的关键数据共享机制；

满足当地人大和地方政府出台的法律法规，遵守军方为保证国家安全而发布的通告和禁飞要求；

获得局方试运行批准。

提供商应定期对系统进行更新扩容，保证其所接入的民用无人机运营人使用方便、数据可靠、低延迟、飞行区域实时有效。

提供商每6个月向局方提交报告，内容包括无人机云系统接入航空器架数，运营人数量，技术进步情况，遇到的困难和问题，事故和事故征候等。

6.3.2.5 对于农用植保无人机的运行提出要求如下：

（1）农林植保

农林植保定义为喷洒农药；喷洒用于作物养料、土壤处理、作物生命繁殖或虫害控制的任何其他物质；从事直接影响农业、园艺或森林保护的喷洒任务，但不包括撒播活的昆虫。

执行农林植保无人飞行要求的人员是运营人指定的一个或多个作业负责人，该作业负责人应当持有民用无人机驾驶员合格证并具有相应等级，同时接受了下列知识和技术的培训或者具备相应的经验：

开始作业飞行前应当完成的工作步骤，包括作业区的勘察；

安全处理有毒药品的知识及要领和正确处理使用过的有毒药品容器的办法；

农药与化学药品对植物、动物和人员的影响和作用，重点在计划运行中常用的药物以及使用有毒药品时应当采取的预防措施；

人体在中毒后的主要症状，应当采取的紧急措施和医疗机构的位置；

所用无人机的飞行性能和操作限制；

（2）安全飞行和作业程序

飞行技能，以无人机的最大起飞全重完成起飞、作业线飞行等操作动作；

作业负责人对实施农林喷洒作业飞行的每一人员实施规定的理论培训、技能培训以及考核，并明确其在作业飞行中的任务和职责；

作业负责人对农林喷洒作业飞行负责。其他作业人员应该在作业负责人带领下实施作业任务；

对于独立喷洒作业人员，或者从事作业高度在 15m 以上的作业人员应持有民用无人机驾驶员合格证；

（3）喷洒限制

实施喷洒作业时，应当采取适当措施，避免喷洒的物体对地面的人员和财产造成危害；

喷洒记录保存；

实施农林喷洒作业的运营人应当在其主运行基地保存关于下列内容的记录：

服务对象的名称和地址；

服务日期；

每次作业飞行所喷洒物质的量和名称；

每次执行农林喷洒作业飞行任务的驾驶员的姓名、联系方式和合格证编号（如适用），以及通过知识和技术检查的日期。

6.3.2.6 对于无人飞艇都提出要求如下：

禁止云中飞行。在云下运行时，与云的垂直距离不得少于 120m。

当无人飞艇附近存在人群时，须在人群以外 30m 运行。当人群抵近时，飞艇与周边非操作人员的水平间隔不得小于 10m，垂直间隔不得小于 10m。

除经局方批准，不得使用可燃性气体如氢气。

6.3.2.7 对通信、导航和监视功能提出要求如下：

对通信、导航和监视功能提出要求如下：

民用无人机应安装保障航空安全的通信频率和设备，包括：空中交通管制通信以及备用的通信手段；双向的指令与控制数据链路（C2），性能参数安全可靠，通信设备的工作范围足够；无人机驾驶员和无人机观测员之间建立起有效的的通信。

民用无人机应安装导航设备。

民用无人机应安装监视设备（如 SSR 应答，ADS-B 发出），使之具备发现与避让能力。

民用无人机应有通信紧急程序，包括：ATC 通信故障时的程序；指令与控制数据链路故障时的程序；无人机驾驶员／无人机观测员通信故障时的程序（如适用）；控制站的数量和位置以及控制站之间的交接程序时（如适用）

6.3.2.8 对无人机机长以及驾驶员提出要求如下：

（1）执照要求：

在融合空域 3000m 以下运行的XI类无人机驾驶员，应至少持有运动或私用驾驶员执照，并带有相似的类别等级（如适用）；

在融合空域 3000m 以上运行的XI类无人机驾驶员，应至少持有带有飞机或直升机等级的商用驾驶员执照；

在融合空域运行的XII类无人机驾驶员，应至少持有带有飞机或直升机等级的商用驾驶员执照和仪表等级；

在融合空域运行的XII类无人机机长，应至少持有航线运输驾驶员执照。

（2）对于完成训练并考试合格人员，在其驾驶员执照上签注如下信息：

无人机型号；

无人机类型；

职位，包括机长、副驾驶。

（3）熟练检查：

驾驶员应对每个签注的无人机类型接受熟练检查，该检查每12个月进行一次，检查由局方可接受的人员实施。

（4）体检合格证：

持有驾驶员执照的无人机驾驶员必须持有按中国民用航空规章《民用航空人员体检合格证管理规则》（CCAR-67FS）颁发的有效体检合格证，并且在行使驾驶员执照权利时随身携带该合格证。

（5）航空知识要求：

申请人必须接受并记录培训机构工作人员提供的地面训练，完成下列与所申请无人机系统等级相应的地面训练课程并通过理论考试。

航空法规以及机场周边飞行、防撞、无线电通信、夜间运行、高空运行等知识；

气象学，包括识别临界天气状况，获得气象资料的程序以及航空天气报告和预报的使用；

航空器空气动力学基础和飞行原理；

无人机主要系统，导航、飞控、动力、链路、电气等知识；

无人机系统通用应急操作程序；

所使用的无人机系统特性，包括：起飞和着陆要求；飞行性能（飞行速度；典型和最大爬升率；典型和最大下降率；典型和最大转弯率；其他有关性能数据〈例如风、结冰、降水限制〉和航空器最大续航能力）；通信、导航和监视功能；航空安全通信频率和设备的功能（空中交通管制通信，包括任何备用的通信手段；指令与控制数据链路〈C2链路〉，包括性能参数和指定的工作覆盖范围；无人机驾驶员和无人机观测员之间的通信，如适用）；导航设备；监视设备（如SSR应答， ADS-B 发出）；发现与避让能力；通信紧急程序（ATC 通信故障；指令与控制数据链路故障；无人机驾驶员／无人机观测员通信故障，如适用）；控制站的数量和位置以及控制站之间的交接程序，如适用。

（6）飞行技能与经历要求：

申请人必须至少在下列操作上接受并记录了培训机构提供的针对所申请无人机系统等级的实际操纵飞行或模拟飞行训练。

对于机长：空域申请与空管通信，不少于4h；航线规划，不少于4h；系统检查程序，不少于4h；正常飞行程序指挥，不少于20h；应急飞行程序指挥，包括规避航空器、发动机故障、链路丢失、应急回收、迫降等，不少于20h；任务执行指挥，不少于4h。（本条内容不包含针对驾驶员的要求）

对于驾驶员：飞行前检查，不少于 4h；正常飞行程序操作，不少于 20h；应急飞行程序操作，包括发动机故障、链路丢失、应急回收、迫降等，不少于 20h。

对于教员：教员等级合格证申请人应具有 100h 操纵其申请的类别及级别等级航空器并担任机长的飞行经历时间。教员等级合格证申请人应接受不低于 20h 实践飞行训练。

（7）飞行技能考试的要求：

考试员应由局方认可的人员担任；

用于考核的无人机系统由执照申请人提供；

考试中除对上述训练内容进行操作考核，还应对下列内容进行充分口试：

所使用的无人机系统特性；

所使用的无人机系统正常操作程序；

所使用的无人机系统应急操作程序。

（8）对航空知识的要求：

了解民用无人机驾驶员管理和民用无人机运行有关的中国民用航空规章。

气象学，包括识别临界天气状况，获得气象资料的程序以及航空天气报告和预报的使用。

航空器空气动力学基础和飞行原理。

无人机主要系统，导航、飞控、动力、链路、电气等知识。

无人机系统操作程序以及通用应急操作程序。

所使用的无人机系统特性，包括：起飞和着陆要求；性能：飞行速度、典型和最大爬升率、典型和最大下降率、典型和最大转弯率、其他有关性能数据（例如风、结冰、降水限制）、航空器最大续航能力；

（9）对植保无人机运行相关知识的要求：开始作业飞行前应当完成的工作步骤，包括作业区的勘察；安全处理有毒药品的知识及要领和正确处理使用过的有毒药品容器的办法；农药与化学药品对植物、动物和人员的影响和作用，重点在计划运行中常用的药物以及使用有毒药品时应当采用的预防措施；人体在中毒后的主要症状，应当采取的紧急措施和医疗机构的位置；所用无人机的飞行性能和操作限制；安全飞行和作业程序；喷洒限制；喷洒记录保存；植保作业负责人的任务与职责。

（10）飞行技能与经历要求

飞行前准备：包括气象判断、飞行空域与飞行计划申报、重量和平衡的计算、动力系统相关的准备、地面控制站的设置及起飞前无人机系统检查；

起飞、着陆和复飞，包括正常、有风和倾斜地面的起飞和着陆；

视距内机动飞行；机场和起落航线的运行；

应急程序：包括飞行平台操纵系统故障、动力系统故障、数据链路故障、地面控制站故障及迫降或应急回收；

飞行程序指挥及任务执行指挥；

航路航线的规划、实施及修改。

地面滑行；

临界小速度飞行，判断并改出从直线飞行和从转弯中进入的临界失速及失速；

最大性能（短跑道和越障）起飞，短跑道或松软跑道着陆。

悬停，包括无人机平台正前方朝向不同方向时的悬停；

以所需最小动力起飞和着陆，最大性能起飞和着陆；

涡环初始阶段的识别及改出；模拟单个动力轴动力失效时的应急操纵程序；

旋翼及螺旋桨动力切换故障处理或传动装置和互连式传动轴故障处理；

以无人机的最大起飞全重完成起飞、作业线飞行等操作动作。最大性能（越障）起飞；识别漏气现象；轻着陆。

（11）对于飞行技能考试的要求

考试员应有局方认可的人员担任；

用于考核的无人机系统由执照申请人提供；

考试中除对上述训练内容进行操作考核，还应对下列内容进行充分口试：

所使用的无人机系统特性；

所使用的无人机系统正常操作程序；

所使用的无人机系统应急操作程序。

（10）对驾驶员合格证和等级的要求：

驾驶员合格证，担任操纵无人机必需成员并负责飞行操纵与安全的驾驶员，应当持有按本规则颁发的有效驾驶员合格证，并且在行使相应权利时随身携带该合格证。

机长等级，担任操纵无人机必需成员并负责无人机系统运行和安全的驾驶员，应当持有按本规则颁发的具有机长等级的驾驶员合格证，并且在行使相应权利时随身携带该合格证。

教员等级，是按本规则颁发的具有教员等级的驾驶员合格证的人员，行使教员权利应当随身携带该合格证；

未具有教员等级的驾驶员合格证持有人不得从事下列活动：向准备获取单飞资格的人员提供训练；签字推荐申请人获取驾驶员合格证或增加等级所必需的实践考试；签字推荐申请人参加理论考试或实践考试未通过后的补考；签署申请人的飞行经历记录本；

按照本规则颁发的驾驶员合格证有效期为两年，合格证持有人在有效期满后不得继续行使该合格证赋予的权利；

合格证持有人应在合格证有效期满前 3 个月内向无人机管理办公室申请重新颁发合格证。申请颁发流程为登录依据《轻小无人机运行规定》（ AC-91-FS-2015-31）批准的无人机云系统、在线申请合格证更新、通过无人机管理办公室组织的实践考试、 换发新证；

合格证在有效期内因等级或备注等信息发生变化重新颁发时，其有效期自重新颁发之日起计算；

合格证过期的申请人须重新通过相应的理论及实践考试方可申请重新颁发合格证。

在按本规则颁发的合格证上更改个人信息，应当向办公室提交书面申请，申请书应当附有该申请人现行合格证、身份证复印件和证实这种改变的其他文件；

按本规则颁发的合格证遗失或者损坏后，申请人可以向办公室申请补发，申请应当写明遗失或者损坏合格证的持有人姓名、有效通信地址、联系方式以及合格证的编号、等级、类别及级别等级、颁发日期和附加的等级与签注。

6.3.3 无人机的适航标准和规定发展历程

在 2007 年前，我国民航局没有对无人飞行器制定明确的适航审定政策和适航要求／规章。针对民用无人飞行器应用领域不断扩展、活动日益频繁的现状，民航局为了保障公众安全、规范无人机运行先后颁布了 3 份文件，分别如下。

2009 年 6 月 26 日颁发《民用无人机空中交通管理办法》。

2009 年 6 月 4 日颁发的《关于民用无人机管理有关问题的暂行规定》（ALD2009022）。

2012 年 1 月 13 日，民航局适航审定司颁发了适航管理文件《民用无人机适航管理工作会议纪要》（ALD-UAV-01）。

在上述管理政策下，2013 年 12 月，民航局适航司向潍坊天翔航空工业有限公司的 V750 型无人机颁发了特许飞行证。这是国内首架获得特许飞行证的旋翼类无人机。

为了规范无人机的管理，虽然民航局近几年颁布了一系列的政策，但还存在以下 5 个方面的问题：

国内没有针对无人机颁布正式的适航规章。

国内目前还没有建立完善的无人机标准体系，缺乏统一的民用无人机管理和技术标准。

国内对无人机研制企业缺乏统一的管理，缺乏统一的技术研究的规划和政策导向。

目前我国低空空域开放还在试验和探索过程中，相应的基础设施及配套服务也在建设当中。

虽然国内民用无人机的适航管理工作面临严重问题，但是如今很多条件已逐步完善，国外的很多实践也为国内提供了有益的参考。当前欧美各国已经对无人机的适航规章制定工作进行了系统的规划，并取得了部分成果。这些成果对我国未来制定无人机适航规章将起到重要的影响。

6.3.4 无人机运行的适航标准和规定

国际民航组织已经开始为遥控驾驶航空器（RPA）及其相关系统制定标准和建议措施（SARPs）、空中航行服务程序（PANS）和指导材料的任务。这项活动的目标是最终建立一个完整的监管框架，一旦技术出现必要的进步之后，遥控驾驶航空器系统就能够在非隔离空域和机场与有人驾驶航空器融合。航委会的无人驾驶航空器系统研究组（UASSG）和几个专家小组正积极致力于制订标准和建议措施，以解决遥控驾驶员颁照、运营人认证，遥控驾驶航空器系统及其部件的合格审定，以及从航空器上撤出驾驶员所产生的登记和通信要求，探测和避让能力及机场运行等事宜。这些标准和建议措施预计将在未来几年成熟，按照合乎逻辑的方式分阶段推出实施。

中国关于无人机运行相关法律法规《民用无人驾驶航空器系统空中交通管理办法》由中国

民航局空管行业管理办公室于 2016 年 9 月 21 号公布。将有关民用无人机空中交通管理的有关问题规定如下：

（1）民航局指导监督全国民用无人驾驶航空器系统空中交通管理工作，地区管理局负责本辖区内民用无人驾驶航空器系统空中交通服务的监督和管理工作。空管单位向其管制空域内的民用无人驾驶航空器系统提供空中交通服务。

（2）民用无人驾驶航空器仅允许在隔离空域内飞行。民用无人驾驶航空器在隔离空域内飞行，由组织单位和个人负责实施，并对其安全负责。多个主体同时在同一空域范围内开展民用无人驾驶航空器飞行活动的，应当明确一个活动组织者，并对隔离空域内民用无人驾驶航空器飞行活动安全负责。

（3）民用无人驾驶航空器在空域内运行应当符合国家和民航有关规定，使用的民用无人驾驶航空器系统应当为遥控驾驶航空器系统，而非自主无人驾驶航空器系统。并且能够按要求设置电子围栏。经评估满足空域运行安全的要求。评估应当至少包括以下内容：

①民用无人驾驶航空器系统情况，包括民用无人驾驶航空器系统基本情况、国籍登记、适航证件（特殊适航证、标准适航证和特许飞行证等）、无线电台及使用频率情况；

②驾驶员、观测员的基本信息和执照情况；

③民用无人驾驶航空器系统运营人基本信息；

④民用无人驾驶航空器的飞行性能，包括：飞行速度、典型和最大爬升率、典型和最大下降率、典型和最大转弯率、其他有关性能数据（例如风、结冰、降水限制）、航空器最大续航能力、起飞和着陆要求；

⑤民用无人驾驶航空器系统活动计划，包括：飞行活动类型或目的、飞行规则（目视或仪表飞行）、操控方式（视距内或超视距，无线电视距内或超无线电视距等）、预定的飞行日期、起飞地点、降落地点、巡航速度、巡航高度、飞行路线和空域、飞行时间和次数；

⑥空管保障措施，包括：使用空域范围和时间、管制程序、间隔要求、协调通报程序、应急预案等；

⑦民用无人驾驶航空器系统的通信、导航和监视设备和能力，包括：民用无人驾驶航空器系统驾驶员与空管单位通信的设备和性能、民用无人驾驶航空器系统的指挥与控制链路及其性能参数和覆盖范围、驾驶员和观测员之间的通信设备和性能、民用无人驾驶航空器系统导航和监视设备及性能；

⑧民用无人驾驶航空器系统的感知与避让能力；

⑨民用无人驾驶航空器系统故障时的紧急程序，特别是：与空管单位的通信故障、指挥与控制链路故障、驾驶员与观测员之间的通信故障等情况；

⑩遥控站的数量和位置以及遥控站之间的移交程序；

⑪其他有关任务、噪声、安保、业载、保险等方面的情况；

⑫其他风险管控措施。

（4）民用无人驾驶航空器飞行应当为其单独划设隔离空域，明确水平范围、垂直范围和使用时段。可在民航使用空域内临时为民用无人驾驶航空器划设隔离空域。飞行密集区、人口稠密区、重点地区、繁忙机场周边空域，原则上不划设民用无人驾驶航空器飞行空域。隔离空域由空管单位会同运营人划设。划设隔离空域应综合考虑民用无人驾驶航空器通信导航监视能力、航空器性能、应急程序等因素，并符合下列要求：

①隔离空域边界原则上距其他航空器使用空域边界的水平距离不小于 10km；

②隔离空域上下限距其他航空器使用空域垂直距离 8400m（含）以下不得小于 600m，8400m 以上不得小于 1200m。

（5）民用无人驾驶航空器在隔离空域内运行时，应当符合下列要求：

①民用无人驾驶航空器应当遵守规定的程序和安全要求；

②民用无人驾驶航空器确保在所分配的隔离空域内飞行，并与水平边界保持 5km 以上距离；

③防止民用无人驾驶航空器无意间从隔离空域脱离。

（6）为了防止民用无人驾驶航空器和其他航空器活动相互穿越隔离空域边界，提高民用无人驾驶航空器运行的安全性，需要采取下列安全措施：

①驾驶员应当持续监视民用无人驾驶航空器飞行；

②当驾驶员发现民用无人驾驶航空器脱离隔离空域时，应向相关空管单位通报；

③空管单位发现民用无人驾驶航空器脱离隔离空域时，应当防止与其他航空器发生冲突，通知运营人采取相关措施，并向相关管制单位通报。

④空管单位应当同时向民用无人驾驶航空器和隔离空域附近运行的其他航空器提供服务；

⑤在空管单位和民用无人驾驶航空器系统驾驶员之间应建立可靠的通信；

⑥空管单位应为民用无人驾驶航空器指挥与控制链路失效、民用无人驾驶航空器避让侵入的航空器等紧急事项设置相应的应急工作程序。

第 7 章 从构思变成现实——无人机的设计概述

不论是有人机还是无人机，并不是凭空就摆在哪里让我们来应用，都是因为各种各样的需要逐渐应运而生，从前文无人机的发展历程中就可以看出，无人机的发展最早也是伴随着军事用途，慢慢过渡到民间用途，而且，飞行平台的外形差异主要就是由其使用要求决定的，因此也决定了有人飞行器或者无人飞行器的千姿百态，在本章我们就来了解一下无人机的设计过程。

无人机的设计首先是由应用要求决定的，最常见的要求是载重能力，续航时间以及飞行高度，载重能力是一架飞行器最关键的能力，载重能力越大，能携带的任务载荷的种类和数量也就越多，所能携带的能源也就越多，对于增加续航时间也是大有帮助，对于无人机而言这将大大提升无人机可以执行任务的能力，而且可以实现一个平台衍生出多个型号的"多功能化"目标，这对于有人机而言载重能力意味着打击能力、火力密度、执行任务的多样性以及更好的经济收益。

续航时间一般是由飞行任务决定，无人机的应用目前主要集中在航拍航摄、检查监测等，民间消费娱乐级的航拍航摄只需要 0.5h 以内的飞行能力就完全可以满足，工业级的航拍或者监测则至少都要达到 1h 以上的留空时间，此类的无人机飞行时除了动力油料的消耗外整体的载荷几乎保持不变，它们的对续航时间和载重量有着直接关系；而农林植保的无人机的续航时间在 0.5h 以上就可以，因为农林植保的特点就是飞行高度不高（绝大多数执行的任务都在距离地表真高 15m 以内），飞行的同时既在消耗能量也在消耗所携带的载荷，随着载荷的减少，保持正常飞行所需要的动力也在减小，当植保药剂播撒完毕就要返回补给点添加，因此完全可以趁加药的时间进行能源的追加或者更换电池，所以农林植保无人机的续航时间主要是受载药量和播撒速度的限制。无人机一般都是要达到指定高度或者指定的区域才开始执行任务，所以续航时间必须要远大于任务预计时间，这样设计出来的飞行平台才有意义。

飞行高度由任务需求和续航时间决定，不同的任务有不同的飞行高度要求，不论是飞机构型的无人机还是直升机的构型的无人机，都需要一定的时间来爬升到指定的高度，这不仅仅和飞行器的飞行性能有关系，和续航时间也有关系，特别是直升机构型的飞行平台，由于升力和姿态控制力来源是一个系统，因此在爬升和下降阶段比飞机构型的飞行平台花费的时间要长，特别是多轴直升机构型，一般而言，多轴构型直升机平台下降是爬升所需要的时间的 2 倍以上，因此，在设计的时候特别需要考虑这一点。

7.1 无人机的设计流程：

综合考虑操作环境和设计需求的制约，主要从机体尺寸、最大负载、飞行时间等角度进行机体设计的讨论，无人机飞行器设计大致流程概括如下。

（1）需求分析：包含分析载重能力，以及具体是何种任务载荷，分析要求的任务飞行时间，分析运行成本，分析运行环境，基于以上全盘考虑来决定飞行平台的构型，选择重于空气的飞行器还是轻于空气的飞行器平台。这一步是对无人机进行首轮设计，计算出最重要的飞机总体参数、起飞重量、翼载荷和推重比，并初步估算升阻特性，进行初步的方案设计和分析。

（2）飞行平台设计：根据需求分析确定的飞行平台构型决定具体的尺寸，飞行性能，进入总体气动设计，根据初步方案的几何参数，对该无人机的升力特性、阻力特性、极曲线、俯仰力矩系数、横航向静导数、动导数和操纵导数等气动力参数进行工程估算，并对参数进行分析。对该无人机的纵向静稳定性、动稳定性、操纵性计算分析，验证本总体方案设计的合理性和可行性，通过流体计算软件进行 CFD 计算，得到无人机平台在同一马赫数不同迎角下的气动力参数；与工程估算值进行了对比分析，修改初始设计；同时分析了不同机身曲面外形和尾翼布局对全机气动特性的影响，如果必须，可以通过风洞试验确定整个机架安全实用，气动效率优异。同时还要进行结构设计、力学设计和分系统详细设计。

（3）飞行控制律设计：根据前两者的设计需求和已经确定的飞行数据规格开展飞行控制软件的编制和仿真，通过计算机的仿真计算、物理样机的检测以及必要的风洞试验确保飞控的可靠稳定。对比工程估算、数字仿真和模型飞行试验的结果，对无人机控制进行分析，得到改进方案。

（4）实际飞行测试：制作样机进行实际飞行验证，毕竟真实的大气环境就是用超级计算机也很难模拟，根据实际飞行的状况决定是否返回第一步再进行迭代设计。

7.2 实例分析固定翼无人机的设计过程：

我们通过实例来看看一架固定翼无人机的设计过程。

7.2.1 分析设计要求和目标

假设我们要设计的小型无人机基本技术指标是：翼展小于 4m，任务设备重量 15kg、最大起飞重量小于 70kg、飞行速度范围是 60 ～ 130km/h、实用升限为 3000m，巡航时的速度和高度分别是 110km/h 和 2000m、续航时间不小于 4h、动力系统是汽油内燃机、起飞方式是轮式滑跑起飞或者弹射起飞，着陆方式采用轮式滑跑或者伞降回收方式，如果采用轮式起落架则起飞滑跑距离不大于 50m，降落滑跑距离不大于 150m、控制方式要求必须可实现全自主起降、自主飞行以及随时可以切换到纯手动遥控飞行，地面站的控制半径必须大于 80km、可以至少抵抗 4 级侧风而不显著影响起降性能，任务设备是可以实现自动跟踪目标功能的可见光或者红外拍摄平台，整机应能承受的过载 3 ～ -1.5。

7.2.2 设计总体布局

根据水平尾翼与机翼的前后位置不同，无人机大体可以分为三种不同的结构布局，即：正常式布局、鸭式布局和无尾式布局。这三种构型是无人机的最基本的气动布局形式。考虑到鸭式布局和无尾布局在飞机设计和控制率设计中均有一定的难度，本例采用较为保守的正常布局形式。另外，为节省出宝贵的机舱空间供装载任务设备使用，可以采用推进式动力装置的设定。在推进式正常布局无人机中，采用舱身加双尾撑布局则较容易实现。同时双尾撑无人机在结构重量上又有一定的优势，在相同的结构材料用量下，双尾撑布局与单尾撑布局的结构弯曲刚度之比能达到 8：5，前者比后者刚度提高了 60%。

7.2.3　机载设备的选择

小型无人机平台的机载设备主要由导航飞控系统、测控系统、动力系统、能源系统、任务载荷和机体平台等组成。

导航飞控系统由飞行控制与管理计算机、传感器及执行舵机等组成。鉴于实际情况，选用市场上成熟的小型自动驾驶仪，当然如果确实有针对性研发的全新自动驾驶仪也是可以接受的，但是要注意保证全新研发产品的可靠性。选择原则是重量轻，体积小，工作安全可靠。

无线电数据链部分主要完成遥测信息和遥控指令的无线传输。机载链路设备包括：机载上下行链路天线，机载图传电台和数传电台或者其他专门针对小型无人机研制的链路设备。选择原则是重量轻，体积小，信号传输稳定可靠，传输距离远，抗干扰性能好，电磁兼容性能好。

动力系统在市场上比较成熟，有德国的 3W、林巴赫、日本的小松、国产 DLE 等，我们主要是从重功比、稳定性、耗油率等几方面综合考虑选择合适的小型汽油发动机。在本例中我们可以选择德国 3W-100b2 两冲程双缸对置风冷汽油发动机、该发动机有电子点火装置、为其配备三叶定距木质推进螺旋桨。所以这套动力系统的技术指标分别是：

最大输出功率：　6.8kW（8500r/min）
转速范围：　　　1200 ～ 8500r/min
重量：　　　　　3.2kg
油料混合比：　　50 ～ 80:1
螺旋桨：　　　　24×10，24×12
系统总重：　　　7.35kg

能源系统包括油箱、油路、机载电池等，根据汽油机说明书提供的油耗以及任务要求的续航时间我们可以判定能源系统的数据，燃油箱为自制或者市售货架产品，电池为成熟的货架产品，只要保证容量和放电能力满足要求即可，基本的状态如下：

油箱容积：　　　6L
油箱重量：　　　0.5kg
电池尺寸：　　　140mm×150mm×120mm
电池重量：　　　1.8kg
系统总重：　　　12.2kg（包括全部燃油）

任务载荷主要是由可见光或者非可见光增稳云台，这个也主要是市场采购成熟的货架产品或者根据用户的指定设备来进行配载，当然在无人机的试制阶段可以等效配重来模拟，但是在气动外形上必须一致。

7.2.4　重量的估算

对于无人机来说，一般情况下，机体结构重量占总起飞重量的 15% ～ 25%。出于加工条件的限制，机体结构重量按保守值约占总起飞重量的 30% 进行计算。全机总起飞总量为：飞控导航系统重量 + 测控系统重量 + 动力系统重量 + 能源系统重量 + 任务设备系统重量（伞降回收型包括伞重）+ 机体结构重量。在本例中全机的重量尽可能控制在 60kg 以内，整机的重量分布比例情况如图 7-1 所示。

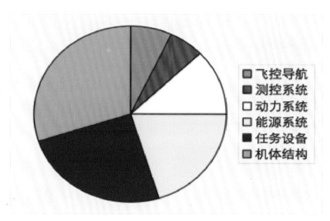

图 7-1　全机重量分布图

7.2.5　总体参数的选择

影响无人机主要飞行性能的有两个组合参数：重量 / 功率比和翼载荷。和这两个参数相关的是无人机的机翼面积、起飞重量和发动机的功率，这三个参数也称之为无人机的主要参数，它们对无人机总体方案具有决定性的影响。

对于以活塞发动机为动力的小型无人机来说，重功比在 $4 \sim 11kg/hp$ 之间。由于可供选择的发动机型号有限，本例中无人机平台的重功比可以取为 6.5。

以活塞发动机为动力的小型无人机翼载荷一般在 $20 \sim 100kg/m^2$。此参数随飞行速度的增大而增大，此处按经验选择为 $45kg/m^2$。

7.2.6　机翼的设计

机翼对无人机的飞行性能影响较大，在设计时要使无人机在整个飞行包线范围内有满意的飞行性能，这一步的重点是展弦比、后掠角、根梢比、机翼扭转、上反角、翼型以及平面形状几何参数的选择。

7.2.6.1 展弦比

亚声速时机翼升力线斜率随着机翼展弦比的增大而增加，最大升力值也增加，升阻比也增加，升致阻力减小。大展弦比机翼和具有同样机翼面积的小展弦比机翼相比，其翼尖离开得更远，因此，大展弦比机翼受到翼尖涡的影响量比小展弦比机翼要小得多，同时翼尖涡强度减弱。同时，大展弦比机翼的亚声速性能好，诱导阻力小，滑翔性能好，留空时间可以增长，对亚声速巡航有利，另外翼展长利于后缘襟翼和副翼的安排。但是，大展弦比的一个突出问题是机翼重量随之增大，对于一个给定机翼面积，展弦比增大使展长按其平方根增大，也使气动载荷增大，所以对翼根的弯矩加大。另一方面，对相同的机翼面积，展弦比增大使翼根弦长减小，在相同的翼型相对厚度条件下，翼根绝对厚度变小。这样为使得机翼有足够的抗弯能力必然导致机翼重量增加。而且，展弦比越大，浸润阻力也增加，升阻比的增加反而不明显。对于本方案设计的无人机而言，考虑到需要弹射起飞和伞降回收的可行性，在尽可能地保证无人机具有良好的飞行性能前提下展弦比不宜过大。这样也提高了战术无人机在野外不良条件机场轮式起降的安全性。

7.2.6.2 后掠角以及根梢比

在其他条件不变的情况下，机翼后掠角增加，升力线斜率随之减小。机翼根梢比是机翼左右方向的中心线处翼根弦长与翼尖弦长的比值。从机翼结构的观点，增大根梢比，这可以提高结构的强度和高度，提高机翼的抗弯扭刚度，减轻重量。从气动方面来看，增大的根梢比可以增加气动效率较高的根部面积，减少了翼尖处因翼尖效应而气动效率不高的机翼尖部面积；越大的根梢比，半翼展的压心内移，由升力产生的对根部的弯矩也减小；增加的根梢比还可以减小气动中心从亚声速到超声速的后移量，这是有利的影响。但是根梢比过大，翼尖区弦长短，可能会导致副翼布置的困难和翼尖刚度的不足从而出现副翼反效的问题，同时，过大的根梢比会加剧翼尖失速。大部分低速飞机机翼的根梢比控制在 2～2.5 的范围内。当然对于本例的战术无人机来说，出于提高弹射和伞降时的机翼强度，甚至可以采用矩形翼。其优点是：外形简洁，工艺简单，制造容易，成本低廉，比如，美国的 Shadow200 和法国的 Fox-TS1 均采用了矩形翼。

7.2.6.3 机翼的几何扭转

机翼扭转是为了防止翼尖失速，并改善其升力分布，实质近似地达到椭圆升力分布，一般机翼在 0°～−5° 之间扭转。在设计升力系数下，为产生好的升力分布需要较大的扭转；在其他升力系数下，该机翼特性将变坏。对于任意平面形状的机翼扭转优化是不容易的，对于我们在本例中设计的无人机，这里取 0° 的扭转角。

7.2.6.4 机翼的安装角

安装角是安装在机身上的机翼翼弦相对于机身纵轴的角度。机翼安装角的选取是为了使某条件下的阻力最小，一般为巡航状态，具体条件是：机翼在选定的设计状态下所对应的迎角时机身处在最小阻力的迎角下。机翼安装角最终要靠风洞试验数据来确定。对于本方案的初始设计，在翼型选定之前初选为 3°。

7.2.6.5 上反角的选择

机翼的上反角是从前面看时，机翼与水平线的夹角。只要飞机倾斜，上反角就有使其滚转的趋势，从而实现自动的横侧平衡，滚转力矩是由倾斜导致机翼的有效升力面积的增减引起的。一般根据横向和航向稳定性的匹配来确定，横向稳定性不能过强，同样的航向稳定性也不能过强，否则会发生荷兰滚或者天然具备进入尾旋的趋势，在本例中，上反角的选用根据经验数据初选为 2°，然后在设计布局的分析中加以修正。

7.2.6.6 翼型的选择

机翼是飞机升力的主要来源，而翼型是影响机翼气动特性的一个重要因素。翼型的选择直接决定着机翼升力系数的大小和巡航速度、起飞着陆速度、失速速度、飞行品质和各个飞行阶段总的气动效率，而且还影响机翼阻力；除了对飞机的气动特性有很大影响外，翼型对结构的强度和制造的工艺性影响也很大，所以选择恰当的翼型至关重要。对于本例设计的无人机平台，其设计点集中在巡航阶段，本文只是在成熟的翼型中选择可用的翼型开展总体设计工作，这些翼型有平凸、双凸、凹凸，以及超临界等。对于翼型选择，首先考虑的因素是升力系数。其次是阻力系数，升阻比阻力大的翼型更加适合飞行速度慢、飞行高度低，机体尺寸小的无人机，同时俯仰力矩较小，且在很大迎角范围内变化平缓。有效地减小俯仰力矩配平所引起的升力损失，同时又易于无人机的调整。

7.2.7　尾翼及舵面的设计

为了便于安装设备，本方案采用双尾撑设计，平尾采用简单的矩形翼。垂尾前缘后掠，后缘垂直或者稍有前掠，以便于加工安装。考虑到护尾角的大小，以及发动机的手工起动条件，垂尾面积 0.145m²，平尾面积 0.195m²，双立尾无外倾角，平尾垂尾的翼型均选取全对称的 NACA0012 翼型或者更简单的平板翼型，平尾的展弦比由两尾撑之间距离决定，平尾为矩形翼，升降舵面方向舵面沿弦向长 25%，沿展向长 100%，垂尾 1/4 弦线后掠角约为 7°

7.2.8　起落架的设计

本例中无人机采用"前三点"式起落架。这种起落架在重心之后有两个主轮，重心之前有一个鼻轮，装有前三点式起落架的飞机具有以下的优点：因为重心在主轮之前，所以飞机在地面滑跑时是稳定的，并且可以相当大的"偏航"角（即机头不对准跑道）着陆；着陆滑跑时为了缩短滑跑距离，可以较强烈地刹车，并且能在机轮刹车的情况下完成着陆；可以直接从下滑进入着陆，无须拉平和平飞阶段。对于小型的无人机的起落架都可以采用成熟的货架产品，所以主要工作在确定主起和前起的纵向距离以及两个主起落架的间距。

7.2.9　稳定性和操纵性设计

稳定性是物体在一定条件下的一种运动属性，通常指物体保持固有运动状态或者反抗外界扰动的能力。飞机的静稳定性是指飞机受扰动后，不需要操纵员干预，有自动恢复的趋势；飞机的动稳定性是指飞机受扰动后恢复到原来状态的运动收敛过程。飞机的操纵性，主要是指根据预定航迹，使飞机达到一定的飞行状态，其操纵面能提供的能力和操纵运动过程的动特性等。一般固定翼的飞机或无人机要求最高的稳定性是在纵向上的稳定型，作为小型固定翼无人机，在 200m 巡航刚度时静裕度在 21% 左右就完全满足纵向静稳定性的要求。

7.2.10　设计过程中可以借鉴的新技术

设计过程中应该尽最大可能获取计算机辅助设计现在也成了大大方便设计人员的重要工具，传统的几何造型技术，如线框造型、曲面造型和实体造型，虽然提供了物理对象的数学上的精确描述，并在图形显示、物性计算等方面得到了很好的应用，但它们所建立的模型只产生层次较低的几何信息，如点、线、面和基本要素，而没有高层次的信息，如尺寸、公差、材料特性及装配要求，因此在这种纯几何造型数据库的基础上难以实现零件分类编码的自动生成，不能满足生产各阶段自动化的要求，更难以实现 CAD/CAM 的集成以及产品的并行设计。进入20 世纪 80 年代中期，国际上开始研究基于特征的设计，特征是一个高层次的设计概念，内部包含了设计人员的设计意图及与后继工作有关的各种信息。对于具体的机械产品而言，特征是一组与产品描述相关的信息集合，产品特征信息模型包括管理特征模型、形状特征模型和技术特征模型。而形状特征模型又包括几何特征模型、精度特征模型、材料特征模型和装配特征模型。新的产品信息建模技术突破了传统的几何造型技术。设计人员可以在产品开发的早期就介入具体设计环节，在计算机网络的协同下实现信息资源的共享与交换，实现并行设计。

参数化特征造型属于第三代几何建模方法。参数化的方法是使用约束（或特征）来定义和修改几何模型。约束包括几何约束和尺寸约束。将尺寸用变量表示，作为设计的几何参数，以建立通用的几何模型。当输入一组实际尺寸后，即可生成设计所需要的几何模型。或改变其中某些尺寸，又可直接生成修改后的另一个几何模型。因此，参数化造型被称为动态造型系统或尺寸驱动系统。参数化特征造型在建模方法上分别出现了特征建模和基于约束的参数化与变量化的建模方法，由此出现了各种特征建模系统以及二维或三维的参数化设计系统，而且出现了这两种建模方法互相交叉、互相融合的系统。这种系统常常在二、三维模型之间以及与CAM系统之间有统一的数据结构及共同的数据库。参数化设计极大地改善了图形的修改手段，提高了设计的柔性，在概念设计、动态设计、实体造型、装配、公差分析与综合、机构仿真、优化设计等领域发挥着越来越大的作用，体现出很高的应用价值。

具有部分参数化设计的工具软件有：

（1）美国参数科技公司的Pro/Engineer是一套机械设计自动化软件。Pro/E的长处及独特的地方表现在两个方面：一是它的参数化特征化定义实体造型的功能，从而给工程师们提供设计上的简易和灵活性；另一方面是其独特的数据结构提供在工程上的完全相关性，即在产品开发过程中任何一个地方的修改都会得到其他相关地方的相应自动修改。

（2）CATIA软件是IBM公司和达索（DaSSaultSystemS）公司共同推出的新一代工业先进水平的CAD、CAE、CAM软件。CATIA软件具有先进的开放性、集成性、灵活性，其先进的技术特点也十分明显，如：参数化及变量化建模、基于特征的设计、精确实体造型、丰富的曲面功能、透明的有限元分析及自动进行前后处理、高超的机加工能力等。

（3）美国CV(ComputerVersin)公司的VADDSS软件于1991年正式推出的主导CAD、CAE、CAM软件，产品包括机械设计、分析、加工、土木、建筑、化工管道及机电一体化设计等领域，提供参数化造型，全套工程分析、NURBS曲面、并行装配、工程详图、五轴数据等强大功能，还具有统一数据库，图形化界面菜单。

（4）美国Autodesk公司的AutoCAD软件。AutoCAD是众所周知的CAD软件，它提供了很强的功能，如多视图、网络支持、文件保存、二次开发、线性帮助、尺寸特征和绘图优化等，其版本也不断升级更新。

（5）计算机辅助设计(ComputerAidedDesign，CAD)是随着计算机及其外围设备发展、而迅速形成的一种新兴的现代设计方法。它具有工程及产品的分析计算、几何建模、仿真与试验、绘制图形、工程数据库的管理、生成设计文件等功能。对于几何外形与气动性能、隐身特性有着极大关系的飞行器设计，采用计算机辅助设计技术尤为重要。在传统的机械产品设计和制造过程中，用以表示产品形状和加工要求的是二维的工程图。当设计员、工艺员和工人在画图和读图时，要运用人工思维能力，将几个视图、剖视图、局部视图联系起来考虑，才能形成产品的三维真实概念。因此从面向工程设计人员来说，人们更希望直接从产品的三维构形设计着手。计算机图形学及各种曲面造型方法的发展，使这一想法得以实现和广泛应用。

航空工业是最早采用计算机CAD技术的部门之一，给飞机设计与制造技术带来了空前的突破，同时也促进了CAD/CAM技术的发展。应用数学方法和计算机，建立飞机相应的曲线曲面方程，即飞机数学模型，计算出曲线曲面上大量的点及其他信息。其间，通过分析与综合就可了解所定义形状具有的局部和整体的几何特征。这里实时显示与交互修改工作几乎同步进行。形状的几何定义为以后的设计分析与制造过程，如气动特征计算、有限元分析、数控加工等提供了必要的先决条件。例如，波音公司较早就采用了高生产率的 CAD/CAM 技术。在飞机工业中，这些技术的主要优点是能够在工艺准备或制造以前改正将要付出很高代价的设计错误和不协调的问题，从而显著地节省了时间和费用。由于波音公司运用了飞机外形设计程序和交互式计算机绘图系统，开始设计图样和独立地完成工程图样。然后再把表示工程图样的数据存储在计算机的存储器内；直接传送给制造部门使用，率先实现了无图样制造过程。

现代 CAD 技术的发展趋势如下：

支持自顶向下（top-down）方式的产品设计。发展质量功能配置软件 QFD，即将用户需求转换为产品设计要求、工艺要求，以及生产控制要求，以支持产品设计的需求分析及概念设计中的决策。发展进行概念设计的有效工具，并要解决从概念设计到装配结构设计的映射问题，以便有效地解决装配结构设计问题。

在 CAD 的不同阶段考虑各种下游设计因素的工具，并将它们与 CAD 系统有机地集成起来。这些工具有 DFP（性能）、DFA（装配）、DFT（试验）、DFQ（质量）、DFC（成本）、DFS（服务）等。

加强 CAD 系统的智能，发展智能 CAD。这种智能将体现在体现在许多方面，例如智能界面设计与导航，以便捕捉设计者的设计意图并简化操作；智能评价，在不同阶段对设计结果做出是否合理的评价等。

采用虚拟现实技术进行设计。通过设计虚拟样机逼真地观察产品内部的每一个细节，并能迅速修改。在设计过程中，在头盔和数据手套等辅助下，能方便地将零件变厚、拉长或变形，以达到随心所欲的设计境界。此外，还可以进行虚拟装配及仿真。最后，在应力、应变等数据场的可视化方面，将不是从外部，而是从数据场内部，从不同角度，不同远近去观察数据场。

集成化、网络化和智能化是现代 CAD 技术所追求的功能目标。集成化要能支持信息集成、过程集成与企业集成，它涉及的技术如：数字化建模、产品数据管理、过程协调与管理、产品数据交换、CAx 工具、DFx 工具等。网络化要能支持动态联盟中协同设计所需的环境与设计技术。智能化是指在实现集成化与网络化时所采用的智能技术，如人工智能、专家系统技术等。

（6）UG 是 EDS（EleetroniCDesignSystem）电子资讯系统有限公司推出的，其中 UG/WAVE 产品级参数化设计技术，适用于汽车、飞机等复杂产品的设计。

但是这些工具对于飞机等特殊产品外形参数化设计仍然不方便。为此，本文采用 SOLIDWORKS 软件来进行参数化设计。无人机机翼、平尾和垂尾均用三次 B 样条曲面进行建模，而机身是翼身融合体，不属于旋成体机身，故也采用三次 B 样条曲面进行建模。发动机部分以闭合曲面代替。应用这些原理，均可以编制相应的程序实现。进行三维重建，第一步是取点。选取的原则是在曲面上曲率越大的部分，给出的控制点密度要越大。第二步，根据选取的控制点用相应的造型程序生成其他的曲面上的点的坐标，形成 SCR 数据文件。第三，将数据文导 SOLIDWORKS 中进行显示外形。

7.2.11 控制率的设计

无人机的飞控系统实现按功能编排的多模态控制律，包括：

（1）基本控制模态

航向／姿态稳定与控制；

高度给定和保持；

侧向偏离控制。

（2）预置航线自主飞行

根据事先装订的航线数据，自动控制无人机沿着航线飞行。

（3）遥控飞行

根据遥控数据接收设备给出的指令控制无人机飞行。

飞行控制的核心是由位置反馈和速度反馈构成的双回路姿态反馈控制系统由此系统控制飞机达到所需的姿态。继而通过姿态的变化实现飞机的航迹控制。自主导航在航迹控制的基础上，通过比较飞机当前位置和航路位置的差异以产生合适的控制信号来实现。

传统的飞行控制的控制律设计都需要预先测定飞行器的各种物理和气动力参数，从而通过调整控制律中可以人为设置的参数，来达到最优设计，但是在试验模型的自驾仪系统的参数调整中，客观条件限制了我们不可能进行专门的风洞试验，所以也无法准确建立飞机的数学模型，也就无法按照传统方法设计控制律。通常的做法是，用试验的方法调整参数，以达到一个较为满意的结果。

第一步，首先进行遥控采集数据飞行若干架次。

第二步，根据采集的数据，经整理后与原型机数据进行比对。在选择出初步数据输入自驾仪，开始若干起落的视距内自驾飞行，观察效果。

第三步，下载数据，比对效果，更改数据。再次将数据输入自驾仪，飞行。

第四步，重复第二第三步，直至飞行效果满意为止。

7.2.12 数字仿真和飞行试验

飞行仿真是以飞行器的运动情况为研究对象、面向复杂系统的仿真．它首先按照飞行器的运动学、空气动力学以及飞行控制原理等有关理论建立起相关的数学模型，然后以此模型为依托进行模拟试验与分析研究。

飞行仿真可围绕航空飞行器的研制、生产和使用的全部过程，包括对方案论证、技术指标确定、设计分析、生产制造、试验测试、维护训练和故障处理等各个阶段进行全面的系统分析和评估，具有成本低、见效快、安全可靠和可重复利用等显著优点。航空工业作为一门高科技、高投入、高风险的行业，不能没有科学可靠的系统仿真理论、仿真方法和仿真试验结果的支持。目前，世界航空强国都建立起自己先进的飞行仿真系统实验室，飞行仿真成为现代仿真技术发展的一个重要分支。

7.2.12.1 数字仿真 (MathematicalSimulation)

数字仿真就是建立数学模型，编好程序，在计算机上反复运行试验。这种仿真试验无需昂贵的系统，也无需模拟生成真实环境的各种物理效应设备，而是用计算机来再现和评价真实世界的实物特性。数学仿真选择合适的步长，可以实时运行，也可以在非实时（欠实时或超实时）条件下运行。数学仿真尤其适用于研究开发、方案论证和设计阶段。

7.2.12.2 含实物仿真 (Hardware-In-loop Simulation)

含实物仿真又称为半物理仿真。它是将系统的部分实物（如控制系统的传感器、控制计算机、伺服机构）接入回路进行的试验。这种仿真试验的被控对象动态特性通过建一众数学模型、编程序在计算机上实现，此外要求有相应的模拟生成传感器测量环境的各种物理效应设备。不同类型的传感器要求不同类型的生成环境，例如气压传感器要求有气压模拟装置，角度、角速度传感器要求有模拟转台等。由于回路中接入实物，半物理仿真系统必须实时运行。

应用无人机所已有的开放式仿真软件，输入无人机各个参数后，进行纯数字仿真。针对感兴趣的巡航段和爬升段进行分析。确保飞行状态良好，舵面偏转响应正常，飞机高度和航向控制精准。

7.3　多轴无人机的设计过程

我们再来看看一架多轴飞行器的设计过程。其实和固定翼的无人机类似综合考虑操作环境和设计需求的制约，主要从机体尺寸、最大负载、飞行时间等角度进行机体设计的讨论，多轴无人飞行器设计大致流程如图 7-2 所示。

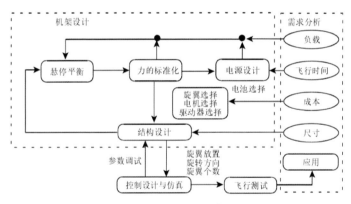

图 7-2 多轴的设计流程

多轴直升机构型的无人机设计要点主要在电机、电池、机架以及飞控的设计。

多轴无人飞行器一般选用高性能的直流无刷电机，电机的选择还应综合考虑机体的尺寸、旋翼尺寸的影响，使整个机体协调美观。多轴无人飞行器悬停状下会受到各种外界环境的干扰，从而导致各个电机所承受的负荷不同，实际转速与转速指令之间也会存在一定的差异。为此，可以采用能够接收高频信号的驱动器，在无人机姿态因电机个体差异而发生改变时，控制器能够迅速响应，从而实现机体的稳定控制。

多轴无人机多采用电机作为动力，因此能量来源就是电池，锂电池具有尺寸小、质量轻、充电时间短、没有记忆效应，适用于重复多次充放电等优点，所以一般采用锂电池作为多轴无人飞行器电源系统。电池容量的选择对飞行器的飞行时间有很大影响。然而对于不同的飞行状态，其功耗有所不同，很难精确地推导出电池能够维持的飞行时间。考虑到多轴无人飞行器的作业状态大都为悬停状态，功耗主要为电机的消耗。

多轴无人飞行器机体尺寸和旋翼尺寸是机体设计的重要参数。对于尺寸一定的机体，旋转面积大的旋翼得到的升力也就越大，效率也就越高。多轴无人飞行器的旋翼直径不受限制的前提下，设计时减少旋翼的数目会更为有利。对多轴无人机的机臂进行标准化设计有利于加强整机可维护性。机臂主要承载电机驱动器、电机以及旋翼。机臂的形状主要有圆管状和平板状结构。此外，为了得到较高的强度和较轻的重量，现阶段主要采用碳纤维材料。对于要求机臂尺寸大，厚度较厚的情况，可在碳纤维板中加入减振木板以减轻机臂重量并减小电机高频振动对传感器的影响。

多轴无人飞行器通过实时采集各类姿态传感器数据并经过信号调制电路将数据送入机载微控制器处理，判断飞机的飞行姿态和状态从而给出控制调整飞行控制器的指令，驱动伺服机构执行。伺服机构执行完成后，微控制器在此读取传感器测量到的飞行器姿态信息，判断是否达到预期的修正效果，并再次给出修正执行动作指令，从而形成稳定的闭环回路。主稳定是由内环实现的，内环主要为航姿测算系统，基本作用是计算飞行器的姿态，通过驱动伺服机构维持多旋翼在规定的高度、姿态、速度等状态。外环来执行无人机的机动和导航任务。外环也用于捕获引导波速等。实际飞行中，实现主稳定的内环速度远远大于外环速度，这是由各环路的功能和重要性决定的。

多轴飞行控制器硬件平台设计采用模块化设计方案，整个飞行控制系统按功能分为微控制器、信号采集调理模块与驱动控制模块，通信模块，系统电源模块。其中飞行控制器的核心为微控制器，其功能和接口决定了飞控系统的整体性能，其余的硬件模块如各类传感器、电源模块决定了飞控系统的稳定性和可靠性以及控制精度。控制系统主要根据上节所述原理，利用微控制器为核心，加上相关的外围电路、传感器检测电路和通信电路够成一个闭环控制系统。在多轴无人飞行器飞行的过程中，其飞控 MCU 要接收机载传感器输入的飞行姿态和空中位置等状态信息，同时接收机载无线电测控系统传输的由地面监测站上行信道发送的控制指令及有关数据，然后根据接收的信息，经过一定的处理和解算后，实现多轴飞行模态的控制和飞行任务的管理。

多轴飞行控制器电路板的设计涉及到整个飞控的信号完整性，性能稳定性，可制造、可测试性，易用性等多方面问题。所以，布局对于多轴飞行控制器的电路板设计十分重要。多轴飞行控制器电路板布局包括三个方面，使用接口布局，各大功能模块布局和模块内部的芯片布局。飞控板元器件的合理布局非常重要，整个原理线路的稳定性都需要通过印刷电路板布局进一步确保，布局上的疏忽则可能导致一些芯片、敏感器件的不正常工作，因而带来一系列不易察觉的问题。根据一般印刷电路板设计的基本布局原则和多轴飞行控制器印刷电路板布局设计要求，多轴飞行器控制器电路板的布局应当遵循以下规则：

通信晶振等较高频元件之间布局靠近，避免走线过长。如主控制器和有源晶振在布局时尽量接近，通信控制芯片和有源晶振在布局时尽量接近，尽量避免引入外界干扰。

微控制器放置在电路板中心位置，原理干扰较大、发热经常插拔等模块。

系统的输入输出接口分布在电路板两侧，以防止输入输出信号间的干扰影响，减少器件在连接时的互相影响。同样，信号输入端元器件与输出端元器件应尽量分开。如布置信号采集与驱动控制模块的印刷电路板。

USB 输入接口和通信模块应尽量靠近，连线距离短，减少外在干扰信号的影响，USB 接口和通信模块放置在同一板层上，避免过孔出现，过孔会降低差模传输的效果而引入共模噪声。

系统中 I/O 驱动部分紧靠连接器布置，避免 I/O 信号在板上长距离走线，如 PWM 驱动接口、AD 转换接口要靠近驱动芯片，使 PWM 输出和模拟输入信号线距离尽可能短，减少不必要干扰信号的耦合。

对于系统中的磁珠、压敏电阻、自恢复保险丝等保护器件的布局应在相关的电路器件附近，避免较远距离影响保护的效果。

发热元件、敏感器件要远离关键集成电路，远离飞控板接插件。如在多轴飞行控制器中，陀螺仪放置在印刷电路板中心，减少来自接口的机械振动干扰，高度气压计等对温度敏感的器件远离电源模块。

多旋翼飞行控制器电路板上预留了一定数量的测试节点，跳线等。这些信号测试点放置在电路板上远离敏感器件的位置或者边缘位置。

为了使用方便和测试方便，多旋翼飞行控制器印刷电路板上的各个接插件要分散在印刷电路板外围，并留有足够的间距，保证安装使用的过程中不互相影响。

第8章 无人机的制造技术

为了研制高性能新型战机、大型军用运输机、特种军用飞机和武装直升机,各国政府和军方不断推出新的研究计划,投入巨额资金,开发先进制造技术及其专用设备,基本建立了飞机先进制造技术发展的基础。其实,有人机和无人机的制造技术是相通的,无人机的发展进入了一个崭新的时代,性能各异、技术先进、用途广泛的各种新型无人机不断涌现。制造有人飞机的技术也相继被用到了无人机领域,我们就通过有人机的制造工艺来管中窥豹,认识一下可以被用于无人机制造领域的技术和先进工艺。

随着世界经济较长时期的衰退,各国航空公司利润急剧下降,直接影响到飞机制造商。因此,他们为了生存,降低飞机全寿命周期内的成本就成为了新一代民机研制的一个重要指标和先进制造技术的发展方向。冷战结束后,各国大量削减国防经费,军方难以承受高性能武器装备的高昂采购费用,如F-22战斗机每架1.6亿美元。如此高昂的采购费,限制了该飞机的生产数量,因此美国军方提出研制买得起的飞机—联合攻击机(每架约6000万美元)作为相应的补充。军机的研制生产也提出了高性能和全寿命周期低成本的双重目标。计算机技术的不断发展,精益生产等许多新理念的诞生,使得飞机先进制造技术处于不断变革之中,传统技术不断精化,新材料、新结构加工、成形技术不断创新,集成的整体结构和数字化制造技术构筑了新一代飞机先进制造技术的主体框架。

8.1 无人机复合材料

无人机复合材料结构设计中经常用到的是复合材料的轻质、高比强度比模量等特性,主要通过增强材料(如碳纤维、玻璃纤维等)良好的力学性能和基体材料(如树脂)的黏结作用两者有机的结合而成。结构设计中要充分利用复合材料中碳纤维、玻璃纤维等增强材料的轴向性能以及铺层纤维方向的可设计性。无人机上用的普遍结构有夹层结构以及层压板结构,如机身结构由纵向梁凸缘、蒙皮和横向框组成,其中蒙皮为蜂窝夹层结构,梁凸缘多为复合材料层压板结构。翼面则多为夹层板梁式结构、夹层壁板墙式结构、全高度泡沫夹芯结构、蒙皮空腔结构和夹层盒结构,所谓的夹层结构由面板和夹芯胶接组成,能否使面板与芯子起到整体作用,充分发挥夹层结构的高比强度、比刚度特点,取决于面板的性能、夹心层的性能以及面板与夹心层的胶接性能。无人机上常用的面板有碳纤维增强树脂基复合材料(CFRP)和玻璃纤维增强树脂基复合材料(GFRP),夹芯层常用蜂窝夹芯(纸蜂窝、Nomex蜂窝等)、木质夹芯(桦木、桐木、松木、椴木等)和泡沫塑料夹芯(聚氨酯、聚氯乙烯、聚苯乙烯等泡沫塑料)。对于刚度要求相对较低,强度要求相对较低,形状较规则、大曲面、易铺放的部件通常使用蜂窝夹层结构,例如低速无人机的前翼安定面、垂尾安定面、机翼安定面等可大量采用该结构;而对于形状较复杂、小曲面的部件通常使用泡沫夹层结构,例如无人机升降舵面、方向舵面、副翼舵面等均可采用该结构;对于强度要求高一些的夹层结构则使用木质夹层;对于强度、刚度要求均较高的部件,通常采用层压板结构,如机身的层压板结构蒙皮、T形、L形梁,该类部件需要预成形,需要采用不同的增强纤维、基体材料、纤维含量及层合板,以及设计不同的铺设角,不同的层数和铺层的顺序，和不同的加热温度、加压压力固化，设计出具有不同的面内刚度、弯曲强度、扭转刚度和强度要求的层合板。例如无人机机体的头罩、机翼挡板、尾翼挡板、整流罩以及机身龙骨、大梁等可采用该结构设计。

8.2 树脂基复合材料构件制造技术

树脂基复合材料具有高的比强度、比模量，抗疲劳、耐腐蚀、成形工艺性好以及可设计性强等特点，现已成为飞机结构中与铝合金、钛合金和钢并驾齐驱的四大结构材料之一。国外的新一代军机和民用运输机已普遍采用这种材料，第四代战机复合材料用量占飞机结构重量的 25%～40%，干线客机用量约 15%，其应用水平成为飞机先进性的一个重要标志。

在无人机复合材料体结构设计中，无人机的结构刚度和结构弹性分布，主要通过不同的铺设角和不同的层数设计来实现。如美国 NASA 研制的太阳能无人机翼展 75m，全翼分成 6 段，每段节点还装载有发电机载荷，是复合材料机翼设计中的成功典范之一，该机主要结构采用碳纤维增强环氧树脂复合材料制造，利用复合材料的非对称和非均衡铺层产生的耦合效应，把复合材料结构刚度和结构弹性设计完美结合起来。无人机复合材料结构件用的增强材料主要有碳纤维、玻璃纤维等，而树脂体系则主要有环氧树脂体系和双马来酰亚胺树脂体系，前者工艺性较好，后者耐温性能较好。

不同的材料体系对复合材料的性能有很大的影响，在设计无人机复合材料结构件时需要根据实际的受力情况以及使用环境选择合适的材料。复合材料飞机的损伤阻抗的大小和损伤容限的高低取决于复合材料层压板结构设计中的增强波音公司的 X-45 系列 UCAV，对常温下损伤大阻抗、高损伤容限要求的简单部件，如机身梁、隔框的增强纤维铺层方式采用长寿命机织碳纤维预浸环氧树脂复合材料，而对于进气道等复杂部件，其增强纤维铺设常采用自动铺陈机制造不同的铺设角度和铺层方式。对高温下大损伤阻抗、低损伤容限要求的部件，如尾喷管则采用碳纤维双马树脂复合材料，固化工艺采用中温热压罐固化工艺，这样更有利于提高该复合材料部件的损伤阻抗，降低其损伤容限。

未来重点研究的 3 类概念性无人机，即高空长航时无人机、高速机动无人机和非常低成本的无人机。上述 3 种概念性无人机有一个共用特点：都大量使用了轻质比强度高、比模量高、抗疲劳能力强、抗振能力强的结构复合材料。复合材料具有很强的可设计性，既可以设计出轻质、高气动弹性的结构，又可以很容易地在其表面喷涂隐身涂层，还可以添加不同的增强相从而降低高速下复合材料的损伤容限。此外，还可以在复合材料机体结构中埋入芯片或传感器，形成智能材料、结构实时监测，无人机复合材料结构主要包括层压板结构、夹层结构，由于其很强的可设计性，在结构部件的整体设计中可以大大减少无人机零、部件数量，典型的应用为翼身融合结构，如美国的 X-48B 无人机。翼身融合结构及其制造技术将成为无人机发展的一大趋势。

另外，在全复合材料无人机机体结构设计中，权衡无人机飞行性能和经济承受能力的综合考虑，复合材料低成本技术在元人机上的应用日趋成熟，如美国海军装备 X-45 无人机，其机身和机翼设计采取高度融合技术，制造采用了碳纤维环氧树脂复合材料大面积快速成形工艺，减少了不必要的翼身连接部件，减轻了结构重量，增加了飞机结构连接的可靠性，所采用的树脂体系可以在室温条件下固化，降低了生产制造成本。

8.3 树脂基复合材料的加工技术

为满足飞机上扩大复合材料应用的需求，飞机制造商在不断地完善复合材料层压板真空袋－热压罐制造技术，并不断地开发高性能低成本的复合材料制造技术，如：纤维缝合技术、树脂转移模塑成形技术（RTM）、树脂膜渗透成形技术（RFI）、真空辅助树脂渗透成形技术（VARI）、纤维铺放技术、电子束固化技术及膜片成形技术等。

8.3.1 层压板真空袋－热压罐成形技术

热压罐方法成形的复合材料结构件具有力学性能优异、相对重量轻、树脂含量均匀、内部结构致密和内部质量良好等优点。一般用于高速无人机复合材料及主承力结构件的生产。但该方法经济性差，前期的设备投入较高，同时加工过程中相关费用也较高，因此在低成本化生产中一般采用低温低压成形技术代替，但热压罐成形工艺仍是高性能复合材料的主要成形方法。在热压罐成形过程中，有许多复杂且相互关联的现象，包括热传递、树脂黏度的变化、树脂流动、化学交联和空隙的形成、生长、迁移等。这些因素的交互作用使得热压罐成形工艺的选择变得复杂，容易导致加工缺陷（如孔隙率高、贫胶等）的产生。要得到高质量、低空隙率的复合材料制件，则必须控制好温度和压力曲线。研究者们已建立了许多模型能够模拟热传递、树脂流动、动力学变化、空隙的形成、生长和迁移，为实践生产提供了参考。

8.3.2 真空袋成形

真空袋成形工艺设备简单，投资少，易于操作，但成形压力小，能达到的质量标准不太高，一般用于生产 1.5mm 以下的层压板及其蜂窝夹层结构。根据低速小型无人机自身的特点，该方法可以满足大部分零部件生产的要求，与热压罐成形相比很大程度上降低了加工成本，因此被广泛应用于低速无人机用复合材料的生产加工。真空袋成形时，前期铺贴操作有湿法铺贴和预浸料铺贴。湿法成形时，由于胶液涂刷操作时人为因素的影响，容易导致胶液不均匀，尤其在成形夹层结构时。此外，涂刷时容易导致纤维方向发生改变甚至弯曲，对制件性能的稳定性有较大影响。预浸料铺贴时则没有该问题，其含胶量相对均匀，制件性能的稳定性较好。其结构为蜂窝夹芯两侧各一层平纹高强玻璃布，然后利用真空袋抽真空加压加温固化。从对比数据来看，使用预浸料成形的蜂窝夹层结构其性能相对比较稳定，有利于保证最终产品的质量。

该项技术普遍地应用于复合材料构件生产，为了研制整体结构，开发了共固化成形技术及共胶接技术。许多飞机厂采用了计算机控制自动下料设备、多坐标数控自动铺层设备、激光辅助铺层定位系统、实时监控热压罐固化设备、多坐标数控加工及高压水切割设备、计算机控制无损检测设备等实现了复合材料工艺参数的优化及工艺过程的仿真，保证了复合材料构件生产质量的稳定。

8.3.3 缝合 /（RTM，RFI）技术

缝合技术：采用缝纫对增强织物叠层块（预制件）沿厚度方向用纤维增强。大幅度提高构件的层间强度，增加抗冲击损伤能力，从而进一步提高复合材料结构效率，降低结构重量。缝合技术还可以将两个或多个零件（如长桁和蒙皮）的增加织物叠层缝合在一起，制成大型整体结构预制件。

美国、欧洲、澳大利亚、日本等均在缝合 /（RTM，RFI）领域进行了大量的研究工作，其中最具代表性的是美国的先进复合材料技术研究计划，即 ACT（Advanced Composites Technology）计划和先进轻量化结构计划，即 ALAFS（Advanced Lightweight Structure Technology Program）计划。这些计划的核心之一就是通过工艺 / 材料 / 设计的综合，实现复合材料结构的高减重和低成本。不论是 ACT 计划还是 ALAFS 计划，都把缝合 /（RTM，RFI）技术作为一项关键技术进行重点研究。另外还有一些 Z 向纤维增强的方法，如在预浸料叠层中插入单向碳纤维复合材料针杆的技术，也是当前值得关注的热点。以上这些技术，使复合材料大型整体结构件的制造成为可能，现已成为飞机复合材料主要的低成本制造技术，广泛应用于 F-22，JSF 及干线民航飞机（如 A380）的研制和生产中。

8.3.4 真空辅助渗透成形技术（VARI）

该项技术是利用真空的吸附将低黏度液体树脂渗透到预制件的各个部分，适用于常温和使用温度不高的大型壁板结构件的生产，如船舰的壁板、桥梁路面、低速飞机壁板等。该项技术将大幅度降低复合材料结构的制造成本。

在船舶制造工业中，真空辅助成形工艺显得特别重要。一块 19.5m 长、3m 宽的潜艇壁板在 45min 之内就可以成形完毕。在隐身舰船方面，大多采用真空辅助成形工艺的泡沫夹芯结构作为舰船的壳体，如美国的 DD21 "朱姆沃尔特" 级隐身驱逐舰、瑞典的 "维斯比" 级隐身轻巡洋舰、"Skjold" 级隐身巡逻快艇。

现在真空辅助成形工艺已经在一些娱乐休闲用飞机、农用飞机和无人机上得到了应用，降低制造成本 50％ 以上。美国波音公司早已立项，采用该项技术研制大型飞机机翼。

8.3.5 纤维缠绕 - 铺放技术

20 世纪 70 年代初，缠绕技术开始应用于飞机结构制造。随着缠绕技术的发展，为实现复杂构型大型零件机械化自动化制造的需求，80 年代末期出现了纤维缠绕铺放技术。该技术是在缠绕技术和铺放技术的基础上发展起来的。由于缠绕技术不能实现纵向的纤维缠绕及局部的增厚增强，而铺放技术可以实现纵向的纤维铺放及局部的增厚增强，因此，缠绕铺放技术一出现，立即在飞机结构中得到广泛应用。纤维缠绕铺放机已分布在美国与欧洲飞机工厂，在更广的范围内用于大型复杂型面复合材料结构件的制造，如 S 形进气道、平尾转轴梁、机身段零件等。

8.3.6 电子束固化技术

电子束固化是 ·种新出现的制造技术，将作为一种低成本和非热压罐固化技术用来制造大型复合材料结构件。用电子束固化树脂基复合材料的优点是固化时间短、树脂的稳定性好、可

与铺层工艺连续作业及在单一产品中能固化具有不同热固化循环的材料等，因此电子束固化技术的研究受到各方面的关注。目前有一种将自动铺带与原位电子束固化结合起来的新工艺技术，对于降低复合材料结构，特别是大型整体结构的成本具有很大潜力。该项技术是由意大利人发明的，目前一个由美国科学研究实验室和诺格公司组成的研究小组正在开发这种工艺用的树脂、预浸料以及电子枪技术。

8.3.7　模压成形

无人机上应用的舵面等泡沫夹芯结构一般都采用模压成形，其过程一般是将泡沫芯制作好后铺贴蒙皮，然后将泡沫芯放入成形模中，对合成形模压紧固化。模压工艺兼有热压罐成形和真空袋成形的优点，具有成形压力大、成形效率搞、经济性好，是生产泡沫夹芯结构部件的很好的一种成形方法。该方法可以通过与泡沫芯材本身的发泡工艺结合得到进一步发展。

8.4　隐身结构制造技术

隐身技术是第四代战机的一个重要特征。复合材料隐身结构的优点是可设计性强、吸波频带宽、承载与吸波有机结合、增重小、可避免使用表面涂层及没有脱落问题，因而更能适应高速飞行气动环境，在现代战机上已广泛采用。同样，复合材料也适合制造雷达波吸收结构。新一代隐身飞机（如美国 B-2，F-22，RAH-66）都大量采用了复合材料隐身结构。

碳纤维复合材料是目前高性能航空结构中应用最多的复合材料。但在 600MHz ~ 18GHz 雷达波范围内，碳纤维复合材料对雷达波几乎全反射，因此，碳纤维复合材料不能直接用作复合材料吸波结构的表面透波材料。通过表面处理可以改善碳纤维的吸波性能，例如在碳纤维表面黏附碳化硅细微颗粒，表面涂覆碳化硅、热塑性树脂和吸波陶瓷等。纺纶纤维、碳化硅纤维和高强玻璃纤维具有较好的透波性能，这些纤维可用来制作复合材料夹层吸波结构的透波表面。F-22 和 RAH-66 "科曼奇" 隐身直升机都大量采用了 S2 高强玻璃纤维，以满足吸波性能的要求。复合材料夹层吸波结构可使入射的雷达波以很小的反射率进入到吸波夹芯层，雷达波在吸波夹芯中被部分吸收，其余雷达波经反射层反射后在吸波夹芯中被再次吸收。吸波夹芯可以由多层组成，每一层具有不同的电磁参数，吸收不同波段的电磁波。

复合材料与传感器结合还可以制成 "灵巧结构"。将天线各个单元嵌入复合材料内部，使天线不外露，保持结构表面光滑，既有利于气动性能，又有利于隐身。F-22 上的天线有 50 个之多，很可能采用了上述技术。碳—碳材料也是一种优良的结构吸波材料。它能很好地吸收雷达信号和红外信号，可用于飞机发动机的进气道。复合材料具有良好的成形工艺性能，对复杂的外形结构，可用复合材料制成外形光顺的融合体结构（如 F-22 中机身翼身融合体蒙皮壁板），达到隐身的目的。

总之，复合材料及吸波夹层结构正在逐步拓宽在隐身飞机上的应用。随着纳米技术和纳米复合材料、手征吸波材料及动态自适应吸波材料等新技术的发展，将推动隐身复合材料技术向更高的水平迈进。一些新型的隐身技术还在不断地开发，如无漆隐身薄膜技术、等离子技术等。

8.5　胶接结构制造技术

胶接技术可用于连接不同材料、不同厚度、二层或多层结构。胶接结构重量轻，密封性能好，抗声振和颤振的性能突出。胶层能阻止裂纹的扩展，具有优异的疲劳性能，此外胶接结构制造成本和维修成本低。胶接、蜂窝胶接结构及金属层板结构在大型飞机上的应用前途宽广。

8.5.1　全金属胶接结构制造技术

英国在 1946 年采用全金属胶接技术制造了世界上第一架有铝合金胶接结构的支线客机，随后在很多支线客机上得到推广应用。1978 年投产的 BAe-146 客机大量采用了胶接结构，到 1986 年 BAe-146 飞机已安全飞行了 120000 飞行小时。全金属胶接技术在 L-1011 三星客机上得到了充分发挥，L-1011 飞机的增压客舱全部采用了大型的胶接整体壁板，机身增压舱直径大部分为 6m，全长 46m，由 5 个筒形舱组成，划分为 27 块大型胶接壁板。进入 80 年代后，波音 757，波音 767 客机也都采用大量的钣金胶接结构。

8.5.2　蜂窝夹层胶接结构技术

金属蜂窝夹层胶接结构大量应用于飞机结构始于美国，美国研制的 B-2，比铆接结构减重 30%。通过 70 年代美国实施 PABST 计划，彻底解决了胶接蜂窝结构耐腐蚀的问题，形成了新一代的耐久胶接技术。80 年代在 F-16 飞机胶接结构的生产中，为进一步提高产品的精度和产品合格率实施了工艺现代化计划，革新制造环境，包括制造工艺、质量保证及生产管理。上述计划实施后，确保了产品质量。对关键工序实行了计算机控制的自动化生产，提高了生产效率，降低了生产成本。

8.5.3　金属复合层板胶接技术

利用胶接技术将各向同性的铝合金（含铝锂合金）薄板与各向异性的纤维复合材料结合起来，可以得到兼具二者优点、克服各自缺点的新型结构材料—纤维铝合金复合层板胶接结构，基于芳纶纤维的复合层板称为 ARALL 结构，基于玻璃纤维的复合层板称为 GLARE 结构。

金属复合层板结构具有较好的疲劳性能、损伤容限高以及较高的剩余强度，从而可减少蒙皮的厚度，因此可比同类铝合金结构重量轻 23% ～ 33%。降低制造成本：金属胶接层板结构可采用传统的胶接工艺和成形加工设备，制造成本低于复合材料，减少维修费用：对疲劳寿命 20 ～ 30 年的飞机而言，具有优异的疲劳性能和很高的损伤容限特性的金属复合层板结构，可实现全寿命周期免维护目标，大大减少了维修费用。

GLARE 层板具有比 ARALL 层板更好的损伤容限和更宽的应用范围。ARALL 层板的芳纶纤维抗压性能差，在循环压应力作用下容易断裂，因此，ARALL 层板只能用作机翼下蒙皮，而不适合用作机身蒙皮。GLARE 层板结构不存在这个问题。空中客车公司研制的 A380 大型宽体客机（550 ～ 660 座）即采用 GLARE 制造机身上壁板，包括整个客舱的上半部分，比采用铝合金板减重 800kg。预示着复合层板在大型军、民用运输机上将有较好的应用前景。

8.6　先进数控加工技术

西方工业发达国家飞机制造业应用数控技术始于 20 世纪 60 年代。在 50 多年的数控技术发展中，发达国家飞机制造业中数控技术发展现状和应用水平主要体现在以下几个方面：基本实现机加数控化、广泛采用 CAD/CAPP/CAM 系统和 DNC 技术，达到数控加工高效率，建立了柔性生产线和发展了高速切削加工技术。

（1）基本实现了机加数控化，发达国家数控机床占机床总数的 30% ～ 40%，而航空制造业更高，达到 50% ～ 80%。波音、麦道等飞机制造公司都配置了数量可观的各种不同类型的先进数控设备，特别是大型、多坐标数控铣和加工中心，同时与之相关的配套设备齐全，数控化率高，基本实现了机加数控化。

波音公司在奥本的民机制造分部建立了铝、钛、钢结构件机加车间和机翼蒙皮与梁结构件机加车间，机加设备 362 台，配置 CNC 机床约 180 台，数控化率达 50%。在 90 年代中后期，这些公司仍在进一步加强对机加设备进行技术改造和更新，特别是多坐标高速数控铣床和加工中心。

（2）数控加工效率高，发达国家飞机制造公司数控技术应用水平高。表现在：不仅数控设备利用率高（一般达 80%），主轴利用率高（95%），且加工效率极高，加工周期短，劳动生产率是我国的 20 ～ 40 倍。大型机翼整体加工件加工效率约 50kg/h。麦道公司制造 C-17 军用运输机起落架舱隔框，加工效率约 30kg/h。

（3）广泛应用先进的 CAD/CAPP/CAM 系统，CAD/CAPP/CAM/CAE 自动化设计制造应用软件以及 DFX 等并行工程在发达国家的制造过程中大量应用，并有足够的工艺知识数据库、切削参数数据库、各种规范化的技术资料作为技术保证。因而设计与工艺手段先进，工艺精良，NC 加工程序优质，缩短了工艺准备周期，提高了设备利用率和生产效率，大大缩短了零件生产周期。

（4）分布式数控（Distributed Numerical Control，DNC）技术广泛应用，发达国家飞机制造公司大多数在 70 年代末 80 年代就已经广泛地应用了分布式数字控制技术。波音公司在威奇托军机分部建立的一个 DNC 系统，连接有分布在若干不同车间中的 130 多台数控设备，包括加工中心、大型铣床、数控测量机。麦道、MBB 和爱思创工厂等都建立了 DNC 系统。美国有 2 万多家小型飞机零部件转包制造商，60% ～ 80% 都使用了 DNC 系统。采用 DNC 技术具有明显的经济和技术效益，通常可提高生产率 15% ～ 20%。

（5）高速切削技术的应用，高速加工（High Speed Machining，HSM）被认为是 21世纪机加工艺中最重要的手段。高速切削与常规切削相比具有明显优点：加工时间减少60% ～ 80%，进给速度提高 5 ～ 10 倍，材料去除率提高 3 ～ 5 倍，刀具耐用度提高 70%，切削力减少 30%，Ra 可达 8 ～ 10μm，工件温升低，热变形、热膨胀减小，适宜加工细长、复杂薄壁零件等。

飞机大型复杂整体结构件采用高速数控加工技术是近几年飞机机加技术发展的一种趋势。因此，20 世纪 90 年代中后期，飞机制造商添置了许多先进的多坐标高速数控铣和加工中心用于铝、钛、钢等材料的各种整体结构件加工。波音公司的高速加工中心，用于航空航天铝合金、复合材料零件的加工。

对铝合金高速加工，切削速度可达 2000 ～ 5000m/min，主轴转速达 10000 ～ 40000r/min，加工进给速度为 2 ～ 20m/min，材料去除率 30 ～ 40kg/h。高速切削加工技术对机床、刀具、控制系统、编程等都提出了更高的要求。发达国家对高速加工的配套技术研究和应用作为一个系统工程看待，解决得较好，并在不断完善。

（6）应用高自动化水平的制造系统，发达国家飞机制造公司非常重视应用高自动化水平的制造系统，提高新飞机研制生产能力，加强企业竞争力。70 年代末 80 年代先后建立了柔性制造系统（FMS）用于飞机结构件柔性加工，在新机研制中发挥了重要作用。90 年代中后期，由于高速切削机床技术的发展和进步，飞机整体加工件的增多，开始较广泛应用柔性加工单元或以柔性加工单元组成柔性生产线来加工飞机整体结构件（在汽车制造业领域也同样得到应用）。如波音威奇托军机分部用高速加工单元组成的柔性加工生产线来加工飞机整体隔框零件。达索飞机公司在"阵风"飞机制造中也建立了一条柔性加工生产线，由 4 台 5 坐标切削中心构成，配有自动化工件装卸小车，机械手控制的工具库，只需配备一个操作者。

制造业发达的国家不仅重视发展数控主体技术，并注重协调发展与数控技术配套的各单元自动化技术，包括数控车间信息管理系统，从而使得数控技术得以快速发展并达到了很高的应用水平，有力地推动了飞机制造业发展和进步。目前，发达国家飞机制造商不仅实现了高效数控加工，而且实现了数字化设计（D-D）和数字化制造（D-M）。

8.7　化铣技术

许多飞机不仅在蒙皮、吊挂等部位使用化铣零件，而且在航空发动机上也大量采用化铣加工的零件。如：协和飞机的进气口侧壁是用 6mm 厚的铝合金以 14 次台阶化铣制成的整体结构；洛克希德 C-5A 运输机上的安全塔接板，用 10.4mm 的钛合金板材热成形后化铣加工出 6 个台阶和 4 种不同的锥形；苏 -27 飞机采用了化铣技术加工钛合金中央翼下壁板；波音客机的一些蒙皮零件采用了多台阶化铣加工；F119 发动机上的钛合金宽弦叶片在超塑扩散连接之前采用化铣加工钛合金板材。80 年代前美国、英国化铣工艺已经非常成熟，表现在以下几方面。

（1）研究的材料齐全，不仅有铝合金、钛合金、钢及不锈钢、镍合金、铜合金等常用材料化铣工艺，而且有银、镁、金、耐高温材料、锌、玻璃、陶瓷、铍等材料的化铣工艺。

（2）配套材料品种齐全，化铣设备齐全，机械方式刻形胶有美国 ADCOAT 公司的 AC 系列保护胶、TURCO 公司的保护胶、光刻胶有 KODAK 公司的系列光刻胶。腐蚀溶液也有专门的公司提供，如 TURCO 公司。有各种检测设备、仪器。刻形技术除去常规的方法外，美国还掌握激光刻形技术、化铣实时监控技术及封闭式工件自适应提升技术。总之，在美国，化铣生产的各个环节所需要的材料与设备都有专门的公司进行研究，并提供相关产品。

（3）各家航空公司都有相应的且完善的工艺标准，波音公司 BAC 标准、麦道公司 DPS 标准中，对化铣前后的各种相关材料及工艺都有相关标准。俄罗斯的化铣技术落后于美、英国家，主要是俄罗斯所采用的工艺方法和化铣材料对环境影响比较大，同时标准单一，可选择余地小。

8.8　精密钣金成形技术

先进飞机钣金壁板的明显特点是蒙皮厚、筋条高、结构网格化、整体集成度大、结构刚度大和难以成形。第三代飞机和大型飞机气动外形要求严、寿命要求长，钣金件不许敲击成形，大都采用精密成形技术。

在浅筋条小曲面波音的数控喷丸系统，不仅可控制成形参数，而且可预测和控制喷丸强化与抛光工序对壁板外形的影响，并研发了叶轮式数控抛丸设备。在高筋网格式整体壁板研制生产中，开发压弯与喷丸复合成形技术，发展了带自适应系统的数控压弯机。

对大型飞机的超大型壁板发展了应力松弛成形／校形技术，洛克威尔公司和美国空军联合开发这种技术，用于制造 B-1B 轰炸机的机翼上、下壁板，长 50mm，最大宽度 9mm，厚度从 0.1mm 变到 2.5mm，带有突变和筋条，据称是世界上用该技术成形的最大壁板。并且通过试验和数值分析方法，掌握了预弯量的控制技术。

精密钣金成形技术研究，大力发展成形过程的数值仿真和变形过程的预测技术；重视材料在成形后的性能研究；特别注意成形过程的精确监测、控制技术和在线检测技术的研究。随着铝锂合金用量大幅度增加，发展了铝锂合金厚板成形技术。

在成形设备方面，除扩大规格外，弯管、旋压、滚弯、拉形、橡皮囊液压成形、喷丸及压弯设备等均已普遍实现计算机控制，并实现了位移、载荷控制的精密化。

8.9　超塑成形／扩散连接技术（SPF/DB）

超塑成形的研究始于 20 世纪 60 年代，当时 IBM 用 Zn22Al 合金材料以两种方式（钣金成形和体积成形）来成形计算机部件，并在 1965 年 4 月申请了有关超塑成形的专利。

70 年代铝合金和钛合金方面的超塑成形研究取得了突破，在美国空军资助下，推出了有洛克威尔、麦道、格鲁门及波音 4 家大公司参加的 BLATS 计划，即"组合式、低成本、先进钛合金"计划，钛合金 SPF，SPF/DB 技术是其中的重点研究项目，研究项目的各种结构验证件在多机种上试飞，通过验证并进入了批生产。

SPF/DB 构件研制中的结构形式从单层 SPF 构件到 SPF/DB 双层板、三层板、四层板等，层数越来越多，构件尺寸越来越大，形状越来越复杂。

美国有许多公司具有生产 SPF，SPF/DB 构件的能力，生产的产品有：CF6-80 发动机上的导流叶片；F-15 飞机上有 SPF／DB 结构件 70 余件；F-18 上有 20 多件钛合金 SPF/DB 结构件；JSF 飞机的后缘襟翼和副翼；F-22 战斗机也采用了 SPF/DB 组合结构，如后机身钛合金超塑性成形／扩散连接的隔热板等，采用 SPF/DB 结构件后，减重 10%～30%，成本降低 25%～40%。

SPF/DB 作为一种高性能整体结构低成本先进制造技术在其他发达国家也倍受重视，欧洲超塑成形技术发展很快。俄罗斯具有世界上最大的超塑技术研究所，有数百人在从事研究。法国的超塑公司有：斯奈克玛，达索，ACB 公司生产 SPF 设备并制造 SPF，SPF／DB 构件，达索公司也具有 SPF／DB 构件生产能力，哈佛公司从 1990 年开始研究 SPF／DB 工艺，已具备批生产能力。德国 MBB 公司用 SPF 方法生产卫星上的推进剂箱体。BAE 英国宇航公司生产多种航空 SPF／DB 构件，如 A320 机翼检修口盖、A310 机前缘缝翼收放机构蒙皮等。英国、德国、意大利、西班牙合作生产的 90 年代欧洲战斗机 EFA 上也采用了 SPF／DB 结构件。

美国和欧洲国家的超塑成形／扩散连接专用设备采用了计算机控制或机械手工作，自动化控制程度高。还有许多其他国家对超塑成形 / 扩散连接具有相当高的技术研究和开发能力，如日本。当前 SPF / DB 发达的国家正在深入地开展铝锂合金、陶瓷材料、高温复合材料、金属间化合物及纤维增强金属基复合材料等的 SPF，SPF / DB 研究。

8.10　先进焊接技术

焊接技术发展日新月异，焊接新技术不断涌现，在现代飞机制造中焊接技术的应用越来越多，例如以电子束焊接为代表的高能束流焊接技术工程应用日趋成熟，以其优质的接头性能、较小的焊接变形等特点而逐渐成为飞机某些重要构件焊接的主要方法。又如近年发展起来的搅拌摩擦焊新技术，以其低于熔点塑性的连接特点，接头力学性能接近母材，能实现一般焊接方法无法焊接的高强铝合金焊接，将会给飞机铝合金结构件（如壁板、蒙皮、梁、桁等）的加工带来革命性的变化。俄罗斯和西方发达国家焊接技术发展迅速，在许多飞机型号上得到了较普遍的应用，焊接技术已成为先进飞机研制不可缺少的支撑技术。

俄罗斯以其世界最高的焊接技术水平，系统的焊接结构研究成果，与结构设计、选材和焊接技术的发展（基础研究）紧密结合，在飞机制造中大量采用焊接技术。70 年代初研制出的苏 -27 飞机极具代表性，焊接技术的应用几乎遍及全机，除了常规的 TIG 焊用于飞机导管、某些铝合金构件，点焊用于蒙皮、组合梁、框、长桁等零件的高强铝合金构件焊接外，并广泛采用焊接新技术，如电子束焊、穿透焊、双弧焊、高频感应组装钎焊、潜弧焊等，焊接部件达 800 多个，零件达数千件。随着焊接技术的发展，图波列夫设计局采用了电子束焊接长寿命钛合金整体壁板，米格 -29 采用焊接铝锂合金整体油箱等结构。

由于其设计思想采用损伤容限设计，强度与韧性的结合是考虑的关键，从较长的安全工作寿命角度出发，焊接一般用于次承力结构中。近年来，随着现代飞机结构中钛合金用量增加；出于飞机结构工艺性、加工的经济性考虑；新的焊接技术搅拌摩擦焊的出现，使得原来不能用或不推荐用于焊接结构的高强铝合金的焊接成为可能，上述的情况正在变化，焊接技术在现代飞机制造中的重要性正在逐渐增加，甚至有人认为"由热等静压铸钛件经电子束焊构成钛合金主承力构件有可能成为飞机制造的第三个里程碑"。扩大焊接工艺在飞机中的应用，国外围绕着下述几个方面还在继续开展应用研究工作。

优化焊接工艺方法：采用变极性等离子电弧焊、激光束焊、电子束焊及搅拌摩擦焊等新的方法，提高焊接件的强度并改善其疲劳性能。

焊接自动化：采用由计算机控制的焊接设备和检测设备，可以改变工艺可变性控制，提高焊接速度和焊接质量，降低焊接结构的成本。

完善检测技术：研究更适合于复杂焊接接头的无损检测方法，拓宽焊接技术的应用。

8.11　先进机械连接技术

8.11.1　自动连接技术

飞机结构所承载载荷通过连接部位传递，形成连接处应力集中。据统计，飞机机体疲劳失效事故的 70% 起因于结构连接部位,其中 80% 的疲劳裂纹发生于连接孔处,因此连接质量极大地影响着飞机的寿命。现代飞机的安全使用寿命要求日益增长,军机寿命、干线飞机寿命分别要求达到 8000、50000 飞行小时以上,而手工铆接难以保证寿命要求,必须采用自动钻铆装配设备实现稳定的高质量的连接。

发达国家的飞机连接装配已由单台数控自动钻铆机的配置向由多台数控自动钻铆机、托架系统配置或由自动钻铆设备和带视觉系统的机器人、大型龙门机器人、专用柔性工艺装备及坐标测量机等多种设备、不同配置组成的的柔性自动装配系统发展。

8.11.2 自动钻铆系统

美国、苏联、法国、德国等国家发展的系列化钻铆机,有中小型钻铆机、大型自动钻铆机、安装特种紧固件的钻铆机和微型自动钻铆机。

8.11.3 自动钻铆机托架系统

自动钻铆机与托架系统相配套,能提高效率。对较大尺寸结构、复杂结构,尤其是双曲度的飞机机身和机翼壁板进行自动钻铆,配备全自动托架系统以实现工件的自动定位和调平,而对于外形较平直的中小结构的壁板大多配置手动、半自动托架系统。

8.11.4 借助机械手或机器人的柔性装配

采用自动机器人装配系统可实现对不开敞、难加工部位的装配。工业机械手—机器人作为柔性装配系统中一个不可分割的部分,能有效提高装配效率和装配质量,降低装配成本。在 F-16,F/A-18,C-130 等飞机装配中机器人工作单元主要用于装配系统中工件的输送、定位、制孔和装配。柔性自动钻铆、装配系统使生产效率大大提高,如波音 767,波音 777 采用翼梁自动装配系统,提高效率 14 倍,费用降低 90%,废品率降低 50%。

8.11.5 电磁铆接装置

电磁铆接可替代大功率压铆设备,进行大直径、高强铆钉的铆接;进行难成形材料、大直径及厚夹层的铆接;可以在结构上实现均匀的干涉配合连接。电磁铆接自动化设备将高能、低重量电磁铆接动力头应用于自动钻铆机,同以液压为铆接动力的自动铆接设备相比,配置电磁铆接动力头的自动铆接设备由于不配备液压系统及用于承受铆接后座力的弓形架,可大大简化设备的结构,减少设备的重量和体积。俄罗斯用于壳体结构和圆筒结构的自动化电磁铆接工作台及美国 C-17 "环球霸王" 机翼梁装配的第四代自动化装配系统,占地面积很小,但都具有很高的柔性度,有一对垂直磁轭装配机跨越 CNC 控制的柔性梁安装型架。另外,该装配机上还配有伺服驱动的检测探头和摄像系统,确定机床及产品的位置和检测孔的质量,可对每根梁进行自动钻孔、紧固件定位、安装和铆接。

8.11.6 先进制孔技术

国外采用的先进制孔设备除数控自动钻铆机制孔外,还有机器人制孔、带激光引导的精密数控制孔中心。

(1)机器人制孔:

由于机器人具有多自由度的优点，特别适合具有复杂外形结构的高质量制孔。它与手工制孔相比可提高效率 3 ～ 5 倍。F-16 战斗机的垂尾石墨／环氧复合材料蒙皮采用机器人制孔，不仅保证了制孔质量，提高了制孔效率，还避免了石墨粉尘对操作人员的损害。

（2）精密数控加工中心制孔

以 F-22 为代表的第四代战斗机部件装配采用快速装配技术，其结构设计成模块形式，一是尺寸大；二是飞机的使用寿命长，要求制孔精度更高、质量更精细，采用了自动化激光定位的精密数控制孔中心制孔。

国外在精密制孔方面，开发了许多先进的钻型刀具，并采用自动化制孔工具和设备制孔，如自动进给钻、自动钻铆机、机器人、激光导引的钻床、精密加工中心制孔，保证了制孔精度和实现了光洁制孔。为了提高连接疲劳性能，除采用光洁制孔外，还对孔表面采用强化工艺，采用干涉紧固件及自动化装配系统保证连接配合所需的干涉量和胀紧力的精度，实现长寿命连接。

8.11.7　先进连接件技术

一架飞机所用连接件少则数十万件，多则数百万件。从减重、防腐、抗疲劳、密封、安装等方面出发，现代飞机大量采用钛合金、新型铝合金紧固件，而钛合金紧固件占螺纹紧固件的90%，世界各国围绕着钛合金材料研制、生产出多种系列的紧固件产品。在近20年中，美国研制、生产的金属结构使用的紧固件主要有高强紧固件、钛紧固件、防腐紧固件和特殊用途紧固件；着重开发复合材料结构用紧固件系统，如铆接用钛铌铆钉（钛铌实心铆钉、钛铌空尾铆钉、双金属铆钉）系列产品，轻型钛高锁螺栓，钛环槽钉及干涉钛环槽钉系统，钛合金单面螺纹抽钉、干涉抽钉、特大夹层（3.5mm）抽钉系统，用于蜂窝结构的可调预载紧固件系统，复合材料紧固件系统。很多品种已经系列化、商品化。

8.11.8　长寿命连接技术

现代飞机都有较高的寿命要求，在机械连接中影响寿命的工艺因素主要有：孔的加工精度和表面质量、连接配合的干涉量和胀紧力实现的精度等。

8.11.9　无外形卡板型架装配技术

卡板型架是装配技术的基础，无外形卡板型架装配系统主要由激光跟踪定位仪（或电子径纬测量仪）和装配平台等组成。无外形卡板型架装配技术可实现模块化，通用性强，生产准备周期短。产品装配定位准确，部件装配开敞，效率高，发达国家已在军机、民机装配中广泛应用。

8.12　全新的无损检测技术

无损检测技术无损检测为产品提供内部质量信息，既可作为产品评价的依据，也为工艺分析提供参考信息。西方国家非常重视无损检测技术研究，并开发了许多先进的无损检测设备。

8.12.1　超声检测技术

超声检测利用声波在物理介质（如被检测材料或结构）中传播时，通过被检测材料或结构内部存在的缺陷处，声波会改变原来的传播规律，如产生折射、反射、散射或剧烈衰减等，通过分析这些规律的变化，就可以建立缺陷同被检测物理量与声波的幅度、相位、频率特性、声速、传播时间、衰减特性等之间的相关关系。由于声波的传播特性与被检测材料或结构有着密切的关系，因此通常需要根据被检测对象研究制定相应的超声检测方法和检测技术。

超声检测是目前复合材料和焊接结构中应用的最为重要、最为广泛的无损检测方法，可检测出复合材料结构中的分层、脱粘、气孔、裂缝、冲击损伤和焊接结构中的未焊透、夹杂、裂纹、气孔等缺陷，缺陷定性定量准确。超声检测通常利用压电传感器产生和接收超声波。国外大多数飞机制造厂在生产中都采用了先进的多坐标数控扫描自动成像超声无损检测设备进行产品检测。

8.12.2　射线检测

当射线通过被检测材料或结构时，射线的强度会产生衰减，这种强度的变化与被检测材料或结构内部密度均匀性有关，射线检测基于这种原理来检测零件内部的缺陷。

感光胶片是 X 射线检测的记录介质，当被测复合材料结构在 X 射线透射方向存在可检缺陷时，感光胶片就会以黑度变化的形式记录缺陷引起的射线强度变化。也可以将这种缺陷引起的射线强度变化通过感光屏、图像增强仪和计算机技术实现辅助成像显示。

国外大型飞机制造厂家都有大型多坐标的射线检测成像设备用于产品的检测。美国和其他一些国家还开发了便携式射线检测设备，用于外场检测。

8.12.3　激光超声技术

激光超声检测是利用激光束与被检测物体表面相互作用，激励产生宽带超声波。按接收方式目前主要可分为两大类：

（1）利用光学方法接收激光束在被检测材料中产生的超声信号；

（2）利用压电传感器接收超声信号。激励光束与被检测物体表面不需要保持严格的垂直等固定的角度关系，不要复杂的扫查机构，因此，激光超声特别容易实现快速自动化扫描检测。目前，美、俄、法、加拿大等国家已用于复合材料、胶接结构和焊接结构的室内外无损检测。这一技术既具有超声检测缺陷定量定性准确，又具有非接触的特点，能实现构件的准确快速的无损检测，被认为是 21 世纪的无损检测技术。

8.13　数字化设计制造和管理技术

长期以来，飞机设计制造一直遵循着传统的二维设计、模线样板、标准样件方法，这种模拟量传递路线长，误差大，生产准备周期长，使用保管不方便，更改费时费工，成本高，弊端很大。数字化设计制造技术则完全改变了上述工作方法，它借助于计算机网络技术，采用三维数字化定义，把飞机的结构和零件全部用三维实体描述出来，并且把各种技术要求、设计说明、材料公差等非几何信息以及各结构之间的相对位置表示清楚。在此基础上进行虚拟装配，检查零部件之间是否发生干涉以及它们之间的间隙，排除某些设计的不合理性，最终形成数字样机。数字样机作为制造依据，基本上实现了精确设计，极大限度减少了工程更改，节省了大量工装模具和生产准备时间。飞机是通过数字化模型来表达的，各阶段可共享模型数据，因此在产品设计同时，可进行 CAE 分析计算、工装设计、工艺设计、可制造性分析，并进行数字化传递，为并行工程创造了条件。数字化设计制造技术完全改变了原来的设计制造方法，包括标准、规范和技术体系，所以它是体系性和全局性的技术，使传统的飞机设计制造技术发生了革命性的变化。

目前国际上全面应用飞机数字化设计制造技术并取得巨大效益的企业为数并不多，如洛克希德、波音、达索、BAE 等公司，其中最为突出的是波音公司。他们在波音 777 的研制中，在网络技术基础上，应用并行工程思想，采用了产品三维全数字化定义、虚拟样机、虚拟装配和运动机构仿真分析等先进手段，从整机设计、零件制造、部件测试、整机装配到各种环境下的试飞均在计算机上完成，提高了设计水平，研制周期缩短了 50%，出错返工率减少 75%，成本降低 2%，成为数字化集成制造技术在飞机研制中应用的标志和里程碑。波音公司通过因特网向全球进军，为用户提供更为方便和快捷的服务支持，客户可以在线方式检索技术图纸、服务通报、维护手册等多种重要技术资料。于是波音公司实现了飞机产出以前就获得了大量订单的目标。

波音在 JSF 验证机设计制造中应用虚拟制造技术也十分成功。JSF 的前机身各部件是在圣路易斯生产的，而中机身、机翼、后机身、尾翼等各部件则在西雅图生产，它们的制造依据是同一个数字样机，只要取出零件数字化定义即可自动生成代码，加工便能一次完成。然后由合作伙伴在荷兰成功地进行异地装配，不仅能利用时差，还可 24h 工作。整个设计制造过程出错率减少了 80%，而且装配过程未出现过错误，是异地设计制造和异地装配非常成功的实例。

西科斯基公司在设计制造 RAH-66 直升机时，使用了包括试飞在内的全任务仿真方法进行设计和验证。通过使用虚拟样机和全任务仿真技术，只花费了 4590h 仿真测试时间，却省却了 11590h 的飞行时间，节约经费总计 6.73 亿美元。

美国和欧洲还在 F-22，S-92，X-33，空客等飞机的研制中也成功地采用了数字化设计制造技术，并取得了可观的效益。90 年代以来，西方发达国家通过实践已逐步认识到先进制造技术必须与先进管理技术相结合才有前途，并重视了先进管理技术的研究。1991 年美国提出敏捷制造（AM）概念以后，一系列综合考虑人—技术—组织的新概念不断涌现，诸如精益生产（LP）、准时生产（JIT）、企业流程重组（BPR）等，促使航空业飞速发展。

精益生产的内涵是赋予基层生产单位以高度的权力，运用一切先进制造技术尽善尽美地生产出用户满意的产品，实现零库存，最大限度地减少在制品和一切不增值的环节，使企业的制造资源得到合理的配置和最有效的利用，以有限的资源获取最大的效益。精益生产的特点主要在于"精良"和"效益"，其中"消灭一切浪费"的哲理是值得所有企业借鉴的，同时精益生产制造出来的高质量精美产品又会受到所有用户的赞许和喜爱。

敏捷制造概念是美国里海大学 1991 年提出的，是指制造系统在满足低成本和高质量的同时，对变幻莫测的市场需求的快速反应。这对航空新产品的研制和生产尤为重要。敏捷制造的支持技术是基于网络的异地设计和制造、供应链管理、电子商务等。将高素质的员工、动态灵活的虚拟组织结构、先进的柔性生产技术进行全面集成，使企业能对持续变化、不可预测的市场需求做出快速反应，由此获得长期的经济效益。

以上诸多应用于载人飞行器制造领域的工艺完全可以使用在各种类型的无人机制造生产领域，希望本章内容能为帮助读者理解制造方法和新技术方面起到一定的作用。

第 9 章 无人机的未来发展趋势

目前，无人机已经在军用和民用领域广泛应用，在民用的消费级市场更是一片火爆，学习考取无人机驾驶员合格证的需求也是方兴未艾，整体而言，智能化的小型化无人设备是未来对我们的生产生活进一步加速影响，辅助人类推动社会变革的力量。我们就一起来展望一下未来无人机的发展趋势，探讨一下无人机的未来。

9.1 军用无人机的未来

世界各主要航空强国都已经在积极验证、设计、生产、装备第五代战斗机了，第五代战机要有超声速巡航，超级机动性，超低的可探测性，超视距空战能力。在五代战机尚未在全世界施展开应用的拳脚之时，各国又纷纷开始了六代战机的论证，理论上主流学者认为第六代战斗机特征条件将基本具有：超过五代隐身能力和超声速巡航能力；将配备主动式防御系统例如小型激光或投射拦截弹；雷达将采用有源相控阵列雷达或更先进技术；有高智能感知电脑；能连接卫星和大量僚机、地面战场系统协同作战；有控制多架无人机的空中小型指挥部能力。其在隐身战机的基础上更加强化了隐身能力和诸多光电航电装置，以及节约成本费用，尤其是经济性、智能辅助技术、无人机协同等，将是一种资讯化战场下的高性能武器。对于六代战机的具体指标，世界各国的科学家们进行了广泛的探索，主要方向有：更快的飞行速度，如马赫数 5，主要集中于高超声速飞行器；更宽的隐身范围，宽频，甚至全频全向隐身，主要集中于新一代高隐身战斗机；更多的传感器融合，以获得更加及时、准确和全面的态势感知能力；更好的自主飞行控制能力，体现为飞行控制系统更高的智能化水平，主要集中于无人飞行器；更强的机载武器系统，如激光武器、动能武器、束能武器等，主要表现为新概念武器的实用化；更高的飞行高度范围，如临近空间飞行器、空天一体飞行器等。

如果说五代战机依靠的是强大的信息系统，而到了六代战机则要通过物联网实现较高的智能化，真正实现陆、海、空、天、电子信息、互联网络的全方位深入融合，此时的载人战机就会出现高度智能化的操作手段，既可以实现载人飞行，也可以实现不载人的飞行。也就是说，未来的六代战机的高度智能化可能使得有人机和无人机界限变得模糊，如果是正常使用，训练，执行非战斗任务，甚至是低烈度的战斗可以使用载人模式，而在高强度战斗或者是在极端恶劣环境下使用则可以切换到无人机模式，飞行员在基地的控制站里就可以更安全地控制飞机了，即使损失了，也不至于损失有生力量，也缓解了战场救援的压力以及避免因为救援导致的再伤害或者损失扩大的尴尬。甚至，也不排除六代机可能就是单纯的无人机，不过放眼当下，未来的军用无人机发展依然是利用成熟技术进行开发和发展，第五代战机的技术也会在无人机领域展开应用，作为军方的高空长航时或者需要执行长期的可重复使用任务的无人机应该说和有人机在技术层面上共享度最高，而作为单兵甚至是团级作战单位，在成本上就可以大大简化，不论是机体结构还是机载设备，只要能满足一线作战需要就可以，由于考虑到在一线战斗密度大，损失高的特点，降低成本的无人机可以协助前线部队更好地侦察敌情，联合指挥，信息传递，甚至是自杀式攻击等。

军用无人机在未来还可以灵巧化，作为六代战机的一个可分离部分，在抵达战区前是与战机联系在一起，在抵达战区后可以与母机分离，迅速突入敌方防线，由于其体积小，分离后不会造成母机气动损失（或者是隐藏在弹舱内），也不易被敌方发现，深入突进敌方空域的同时可以迅速执行情报侦察、态势感知、提前预警、信息传递、担当诱饵的任务，而母机始终在敌人防区之外无线电静默，尽可能避免暴露目标，在通过与释放的机载无人机进行单向或者双向数据链交换后，直接实现防区外投放，防区外打击，防区外任务达成的目标。机载无人机也可以实现自杀式攻击，以此最大限度地保护母机，机载无人机不仅可以单独行动，也可以和其他飞机上释放的机载无人机进行数据链的直连，构成更广的监视、预警和打击引导网络，从而让己方飞机在进入敌方防御圈外就实施攻击，还能对敌方目标实施信息封锁，电磁压制等。

旅／团级固定翼和旋翼战术无人机系统凭借着体积小、机动性好、价格低廉、使用简便且易与其他军事设备配套等优势，满足了现代军队的需求。而从目前的趋势来看，军用无人机未来的发展方向主要包括 4 个方面：

（1）从低空、短航时向高空长航时发展；

（2）向隐身无人机方向发展；

（3）从实时战术侦察向空中预警方向发展；

（4）从空中侦察向空中格斗方向发展。

综合来看，在军用无人机领域，中国无论是在飞机列装的数量上，还是在技术水平上，距离美国等先进国家都还有一定的差距。我国的军用无人机技术总体落后于美国 10 ～ 15 年，但随着近年来，我国军用无人机领域科研投入的增加，差距正逐渐缩小。美国在高端无人侦察机和武装型无人机领域具有巨大优势，其传感器和卫星等配套设备也具有全球领先的技术。但是，随着我国军队新军事变革的推进，解放军的核心将从原来的"规模效益型部队"转变为"质量效益型部队"，作战人员的生命安全将更加受到重视。因此，军用无人机作为保证部队质量效益的新一代作战武器，无疑将越来越多地受到重视。

9.2　民用无人机的未来

从需求来看，未来 10 年，全球无人机销量仍将主要集中在中低端的民用无人机和消费型无人机。民用无人机用途极为广泛，未来市场主要集中于农林植保、影视航拍、电力巡检等领域。借鉴美国对民用无人机监管逐步放松的历程，以及国内民用无人机政策的规范和低空空域改革的深化，我国民用无人机行业将呈现爆发式增长。预计未来 10 年，我国民用无人机市场总规模将超过 300 亿元。

农业植保是民用无人机目前最为可行的应用领域。近几年来，农业生产的机械化和自动化引起了国家相关部门的重视，农机装备也被列入了"中国制造 2025"中所需要重点发展的十大领域。我国耕地面积超过 20 亿亩，是传统的农业大国。虽然我国农业机械化率目前已经达到了 61%，但是还存在着的高端农机装备数量缺乏以及农机化发展不平衡等问题。

农林植保无人机作为高端农机装备的一种，通过低空施药技术同无人机平台等的有效结合，现已取得了许多重大成果。据统计，中国目前使用的植保机械以手动和小型机（电）动喷雾机为主，其中手动施药药械、背负式机动药械分别占国内植保机械保有量的 93.07% 和 5.53%，拖拉机悬挂式植保机械约占 0.57%，植保作业投入的劳力多、劳动强度大，施药人员中毒事件时有发生。

通过使用无人机喷洒农药，不仅可以有效减少因农药中毒造成的人员伤亡，还可以提高农药喷洒效率并且降低成本。据统计，单架无人机作业可以在 1 亩 /min 的喷洒速度下，每亩至少节省 20% 的农药。

根据我国 18 亿亩左右的基本农田面积，以及常规水稻一年 10 次左右的施药作业量，按照 1 亩 /min 的无人机施撒速度，可以得出农林植保无人机一年最多需要工作 3 亿小时。而目前国内使用无人机进行农药喷洒比重还不足 1%，假设未来 10 年，该比重逐步提升至 5%，同时假设油动无人机平均寿命从 400h 增长到 800h，单机平均售价由 40 万元以 10% 的降速降至 15 万元。我们预计，未来 10 年，我国农林植保无人机总需求金额将超过 220 亿元。

我国电影及电视节目制作将开始大量使用无人机。航拍无人机要求姿态、定高的精确度以及发动机的可靠性。在影视航拍无人机的应用方面，美国无疑走在了世界前列。美国联邦航空局 (FAA) 最早允许使用的商用无人机就应用于影视航拍领域，国内影视作品拍摄也越来越多地使用到了无人机，使用无人机进行航拍能够在得到优秀拍摄角度及画面的同时，有效地控制制作成本，将越来越多地成为具有经济实力的中央电视台、省级卫视台拍摄自制电视剧或电视节目时所使用的高端拍摄道具。

根据广电总局统计，2014 年我国电影拍摄数量达到 618 部，与 2013 年的 638 部基本持平，在全球仅次于印度和美国。另据国家统计局数据，我国 2013 年公共频道电视节目制作数量为 34 套。今后，我国电影及电视节目的拍摄将更加重视质量而非数量。我们预计，未来 10 年，我国电影年均产量将在 700 部左右，电视节目年均制作量 40 套左右。

假设按照每部电影电视产品 4 架无人机的使用量和 50% 的影视航拍无人机使用比例，那么我国未来 10 年影视航拍无人机总需求将达 14800 架。按照每架无人机 5 万元的价格（影视航拍使用电动无人机价格较为低廉），国内影视航拍市场需求总额将达 7.4 亿元。

电力巡检的需求爆发与否取决于政策规范的时点。我国 2014 年发电量超过 5.6×10^{13} kW·h，已是全球第一的用电大国。同时，由于我国地域广博，许多输电线位于人烟稀少的山区或环境恶劣的高原，这给工作人员进行电力巡检带来了极大的风险。

电力巡检无人机的出现很好地降低了工作人员的安全风险，同时也极大提高了巡检的效率。无人机可以轻松到达距离地面 100m 高的铁塔上方，利用高清相机进行实时观测和高清拍摄，实现点对点的故障查巡。还可对线路中有可能存在的隐性或潜在的缺陷隐患进行定点排查，及时掌握特高压输电线路设备的运行状态。据媒体报道，使用无人机进行电力巡检大概可以将原来 1h 的工作时间缩短至 15min 左右。

国家电网在 2009 年就进行了无人直升机巡检系统的立项，经过近几年的发展，无人机在电力系统的应用已涵盖了电网建设放线、输电线路巡检、电网故障处置以及电网灾后故障扫描分析等。除了功能的纵向延伸之外，无人机在电力系统巡检中的地域广度也在不断扩大，从沿海到内地，从山区、平原到高原，各地都在陆续开展无人机的电力巡检。

在电力巡检无人机需求不断扩张的背后，面临的却是标准空白所导致诸多限制。2014 年 6

月，由中国电力企业联合会标准化中心发布的《架空输电线路无人机巡检作业技术导则》进行了公开征求意见，该导则可能成为我国输电线路运维领域首份关于无人机应用作业的行业标准，为电力巡检无人机的规范化提供政策依据。

据中国电力建设企业协会统计，截至 2015 年底，我国电网 220kV 及以上输电线路回路长度达到 57.20 万千米。按照每年 25 次的电力巡检次数计算，每年需要巡检长度约为 1430 万千米。据新华报业网报道，使用无人机巡检 62km 的输电线路仅需 3h，据此估计无人机进行电力巡检速度约为 20km/h。假设电力巡检无人机在未来 10 年平均巡检量为输电线回路总量的 50%，电力巡检无人机每年工作量应为 35.75 万小时左右，按照无人机 400h 左右的寿命，电力巡检无人机年需求量约为 900 架。按照 20 万元的无人机平均售价，我们预计，未来 10 年电力巡检无人机年均需求额达到 1.8 亿元，总需求金额将达到 18 亿元。

其他诸如森林防火、油气管道巡检、警用执法、地质气象勘测等领域的无人机年需求也将在 1 亿元左右。我们预计，未来 10 年我国民用无人机平均年需求量将在 30 亿元左右，总需求量将达到 300 亿元。

消费型无人机本身技术含量并不高，同类型产品很难在技术指标上拉开大的差距，彼此间的竞争主要是成本比拼。中国作为世界排名前列的制造业大国，凭借着产业配套体系和人工成本双重优势，已在全球消费型无人机市场中占据了举足轻重的地位。

对于普通民众来说，消费型无人机大多还仅限于拥有自拍及航拍功能，或者纯粹的航模玩具，但是科技巨头们早已为未来的无人机融入了多种可能性，会让无人机变得更加聪慧智能，使用更加快捷方便。

此外，Google、Amazon、顺丰、DHL、京东等公司也都想通过无人机完成货物的运送。虽然目前送货无人机还受制于空管系统、运输成本、无人机驾驶员稀缺等大量问题，但是随着政策的放开和技术进步，未来我们有望看到无人机应用的百花齐放，真正融入到人们的生活之中。无人机未来的发展，将持续降低制造成本、学习成本，随着技术的不断成熟与进步，机体制造的成本费用将不断降低，售价也将更加亲民；同时无人机自主性能不断提高，用户学习成本下降，操作变得更加简单。